苏阿姨谈家常

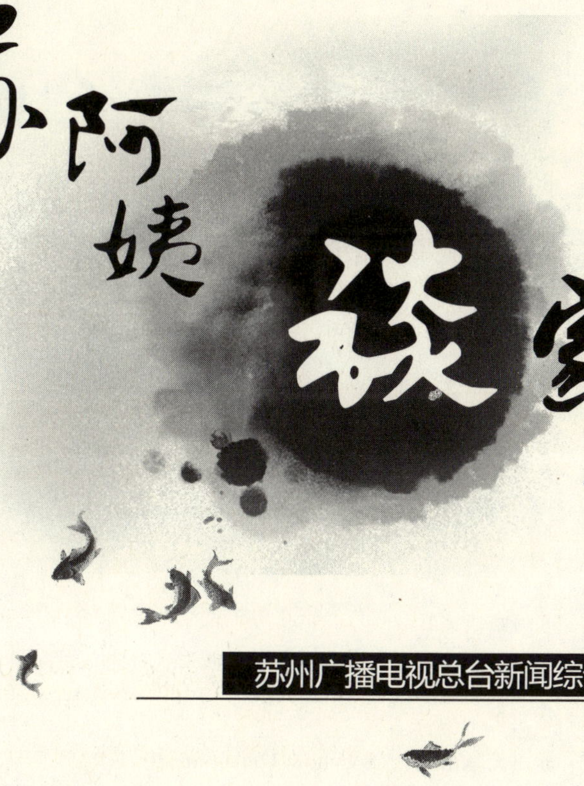

苏州广播电视总台新闻综合频率 编

苏州大学出版社
SOOCHOW UNIVERSITY PRESS

图书在版编目(CIP)数据

苏阿姨谈家常 / 苏州广播电视总台新闻综合频率编
. —苏州：苏州大学出版社，2012.9 (2013.8重印)
ISBN 978-7-5672-0279-5

Ⅰ.①苏… Ⅱ.①苏… Ⅲ.①家庭生活—知识 Ⅳ.
①TS976.3

中国版本图书馆 CIP 数据核字(2012)第 219621 号

书　　名：苏阿姨谈家常

编　　著：苏州广播电视总台新闻综合频率

责任编辑：张　希

出版发行：苏州大学出版社(Soochow University Press)

社　　址：苏州市十梓街 1 号　邮编：215006

印　　刷：苏州恒久印务有限公司

网　　址：www.sudapress.com

邮购热线：0512-67480030

销售热线：0512-65225020

开　　本：787 mm×1 092 mm　1/16　印张：9.25　字数：156 千

版　　次：2012 年 9 月第 1 版

印　　次：2013 年 8 月第 2 次印刷

书　　号：ISBN 978-7-5672-0279-5

定　　价：25.00 元

目 录

“苏阿姨”栏目介绍

《苏阿姨谈家常》是苏州广电总台广播新闻综合频率一档传统方言节目，自1977年7月开播以来已有35年的历史，是苏州地区开办时间最长的广播方言节目之一，曾获评江苏省广播电视十佳名优栏目。

30多年来，在历任主持人的精心打磨下，《苏阿姨谈家常》已成为一档成熟的生活服务类节目，“讲苏州闲话，聊衣食住行，话柴米油盐，品酸甜苦辣”。节目内容丰富，融知识性、实用性、趣味性于一体。加上主持人平易近人的主持风格，苏州话的独特魅力，使其几十年来一直保持着较高的听众率，拥有了一批固定的忠实听众。“苏阿姨”也因此成为了一个响当当的广播节目品牌。

节目播出频率：AM 1080 苏州综合广播
FM 91.1 苏州新闻广播

节目播出时段：午间版 11:00—12:00
晚间版 19:00—19:40

苏阿姨闲话

这几年作家的活干得很少，一来是老觉得自己的文章没有进步，这么写着也没意思；二来我喜欢上了书画，水墨应该是我未来人生的一条出路吧。不少报刊还以为我在干着作家的营生，一直有约稿的找来，我基本上是推托的，好比两个人谈恋爱，谈谈散伙了，大家各奔东西，你也不可能老是找她吃晚饭吧。但“苏阿姨”结集出版，约我记个文字，我毫不迟疑地答应了。因为在我心里，“苏阿姨”是我一位亲戚，是我一位长辈，是我母亲的姐姐或者妹妹啊。

有关“苏阿姨”，要从当初的有线广播说起。有一年夏天，居委会出面，为辖区内的人家替换有线广播，居民只要负担很少的一部分工本费，明摆着是占了便宜。

多出三毛钱，有线广播上可以安装一个调控音量的开关，出一毛五分，也可以安一个拉线开关，拿不出这笔费用的人家，有线广播就只能一直打开着，大清早或者深夜里，其他人家的有线广播都关着，能量集中在没有开关的人家，再加上四周安静下来了，有线广播的声音就显得特别响亮。

这一年我开始上小学了，早上6点30分，是中央人民广播电台的《新闻和报纸摘要》节目，我就背起书包出门上学。巷子里的门窗，传出来的全是播报新闻的声音，一路走过去，正好能听完一段比较完整的新闻。

先头说的，全是我们国家的事情，这是相对重要的新闻，要是慢悠悠地往学校里去，一般总是在新闻将要结束的时候，播报越南游击队又击落了一架美国人的飞机，并打死或者俘虏美国士兵多少人。当时也没有想到怎么没有美国人打越南人的事情呢，心里只觉得美国真是不中用，在越南打了败仗，还要在我们面前丢人现眼。

晚上8点30分，是中央人民广播电台的《各地人民广播电台联播节目》，换了一个名称，性质和内容与早上6点30分的节目差不多，这时候我要洗脸洗脚上床睡觉了。

有线广播还有一个重要的内容，就是播放样板戏，有全本也有选场和选段，现在好几家京剧团重新排演《沙家浜》《红灯记》，有人站出来说，这是不堪回首的记忆，再大张旗鼓地公演，真是太没立场了。其实这仅仅是认识问题的一个方面，对于广大老百姓来说，更多的还是追忆似水年华吧，样板戏是一个引子，是虚晃一枪，勾起来的全是曾经有过的日常生活。

除了新闻和样板戏外，我经常收听的节目，就是《苏阿姨谈家常》，是婆婆妈妈的苏州方言，是家长里短的知暖知冷。从小学到中学，数理化之类的好多课本知识，都忘记得差不多了，用苏州老人的话说是还给老师了，但"苏阿姨"说过的生活小常识却一直记着。

我还记得自己结婚不久的一件小事，当时我老婆杀破了鱼的苦胆，有点一筹莫展，想想自己的大好青春，竟然托付给了一无是处的书生，当初恋爱的时候，觉得找一个写诗的男人，有点浪漫，精神生活十分丰富，真要柴米油盐过日子，完全不是这回事情了，今后不定什么时候，都会冒出节外生枝的麻烦，内心就更加不开心了。但这个时候我想起了"苏阿姨"曾经在广播里说起过的处理破鱼胆的方法，轻描淡写地就解决了问题。我想我老婆就在这个瞬间对我有了重新的认识，也奠定了她几十年安心相夫教子的基础。

古代的武林高手大凡都有意外得到一本秘籍，然后脱胎换骨，如鱼得水地行走江湖的历程。现在"苏阿姨"要出书了，我以为这本书就是我们日常生活为人处世的秘籍，也可以说"苏阿姨"是苏州人心目中最亲切平常的武林盟主。而我们的生活，也因为"苏阿姨"而光彩了许多。

是为序。

陶文瑜

苏阿姨　好阿姨(弹词开篇)

朱寅全　作词

轻轻打开收音机，
电波中迎来了“苏阿姨”。
“苏阿姨”，好阿姨，
我们老听众个个欢迎你。
“苏阿姨”，你的吴侬软语多温柔，
亲切关怀润心扉，
天天与我们零距离。
听你娓娓畅谈家常事，
真是知心达理来讲道理，
人人来做伴，
卿卿话知己，
困难之中听到你，
真是指点迷津把神提。
疑虑之际听到你，
你善解人意破难题。
痛苦失意盼望你，
真是药到病除有良医。
家居点滴你关照，
生活处处有趣味。
养身之道你多关切，
咨询健康要请教你。
我们的心情你理解，
你的烹调手法令人奇。
邻里关系是非明，
衣食住行全亏你，
真是体贴关心入了微。
你和我，伴过了多少春秋夜，
你是我们的好阿姨，
亲阿姨，
与你心心相印不分离。

柴米油盐酱醋茶

怎样挑出安全食品

从“染色馒头”到“牛肉膏”、“毒豆芽”、“染色芝麻”、“硫磺姜”、“化学醋”、“水银刀鱼”……食品安全问题一个接一个地出现。如何才能让老百姓吃得安全呢？除了政府应加强引导与监管，重罚无良商家之外，老百姓也要学一点挑选与辨别食品的知识，多一些自我保护。下面教大家几种挑出安全食品的方法。

躲开“染”出来的漂亮食品

挑生姜 “脏”点的最好。姜在窖藏时埋在沙土里，要想买到放心的生姜，最好是上面沾点泥。“毒生姜”一般要先洗后熏。熏过的姜不仅干净，而且颜色浅，水嫩嫩的，发亮，皮薄，轻轻一搓就掉了。正常的姜应是颜色发暗、发干。如果自己实在不会判断，最好的方法是把所有的姜都去皮吃，因为硫磺熏制只会对姜皮造成影响，对姜肉影响不大。

挑豆芽 细长有须的更天然。用尿素等违法添加剂泡发的豆芽，一般又短又粗、没有根须，且由于水分含量大，看上去非常饱满、亮晶晶的。这些豆芽炒菜时一加热，有明显的尿骚味。用清水泡发的豆芽一般是细长、有根须的，颜色发暗，豆子的芽胚发乌，水分含量较低。

挑芝麻 三招辨出“染色”芝麻。一看颜色，染过色的芝麻又黑又亮、一尘不染；没染色的颜色深浅不一，还掺有个别的白芝麻。二闻味道，没染色的有股芝麻的香味，染过的不仅不香，还可能有股墨臭味。三用纸巾蘸点水一搓，正常芝麻不会掉色，如果纸巾马上变黑了，肯定是染色芝麻。

挑黑豆、花生 有些品种的花生米和黑豆用水浸泡后，水会变成淡红色或墨绿色，这是正常现象。绿豆、红豆等浸泡后，也会出现类似水变色的情况。至于染色豆子，还需要经过实物检测才能确定。辨别花生米和黑豆是否染色有个小诀窍：大部分花生米的一端有“小白点”，这是花生米撑开红衣露出了里面的颜色。如果花生米经过染色，这些“小白点”也会被染红，黑豆也是如此。

挑牛肉、羊肉 买肉时要看横切面，一般猪肉的纤维又细又松，牛肉的纤维又粗又紧;猪肉脂肪含量高,牛肉的脂肪比较少;从口感上来说,猪肉容易咬断,牛肉则有韧劲,不易咬断。除了假牛肉外,用羊油浸泡猪肉、鸭肉冒充羊肉的也屡见不鲜,最好的方法是别买20块钱以下的牛肉或羊肉,容易有假。另外,在一些便宜的自助餐中,很容易出现假牛肉或羊肉。

挑食醋 一闻二看。很多街边饭馆、小吃店里桌上摆放的醋,一打开盖,就有一股特别呛鼻的味道,而不是正常醋该有的米发酵后的香味,尤其要注意鉴别。冰醋酸是一种特别容易挥发的物质,老陈醋的颜色深、发黑,米醋的颜色淡,发棕,"化学醋"的颜色更淡,而且味道非常酸。

挑鱼类 首要准则是新鲜。具体挑选方法是:生鲜鱼的眼睛应该是清澈而且稍微凸起的,腮鲜红没有污垢,鱼身和鱼肉应该有韧性、有光泽。一般来说,买鱼时可以先闻闻它的味道,市场里用普通黄鱼刷上柠檬黄和明胶等物质熬成的糨糊,冒充黄花鱼的现象也非常普遍,两者价格相差十几倍。最简单的判断方法是,用纸巾一擦,纸上发黄,肯定是染过色的黄鱼。

怎么吃让我们更健康

如果你还在为每天"吃什么"烦恼,那么赶紧动动脑筋换个角度——"怎么吃"比"吃什么"重要得多!记住这些健康饮食的基本准则,把它们用在我们和家人的一餐一饭里,可以让我们更健康。

早起一杯蔬果汁

早晨吃水果最有利于吸收其营养。蔬菜、水果可以一起榨汁,因为它们属营养相似食物,比如都含大量维生素和少量矿物质,但又不尽相同,组合到一起营养更丰富,功效更显著。

握紧你的盐勺

盐是生命基本的需要，但需要量却是有限的，食用过量会导致高血压、动脉硬化，而且影响血液中营养物质对皮肤的滋养。世界卫生组织建议成年人每天摄盐6克，但目前我国居民食盐摄入量平均值是这个建议量的1倍以上。所以，一定要握紧你手中的盐勺。

爱吃醋很好

醋是烹饪时常用的调料。醋含有20余种氨基酸和16种有机酸，是一种营养健康的调味料兼保健食品，还是各种细菌的天然“杀手”。而且，醋可使食物中的水溶性B族维生素和维生素C的化学结构变得稳定，不易因烹煮而破坏，从而保证食品中的铜、锌、铬等微量元素的溶解和吸收。

午间一把小坚果

核桃、花生、葵花子、榛子、松子、栗子等各种坚果都富含亚油酸、亚麻酸等有益于健康的脂肪酸，以及精氨酸、胡萝卜素、钙、磷、铁等物质，适量食用能为我们的健康大大加分，亦可延缓衰老。

菜要吃深色的

中国营养学会特别推荐深色蔬菜，成年人每天需食用蔬菜300～500克，深色蔬菜最好占到一半。判断蔬菜的营养价值高不高，主要看里面含有多少维生素、微量元素、纤维素及对人体有益的活性成分等。深色蔬菜是指深绿色、红色、橘红色、紫红色、黑色等蔬菜。

肉要吃浅色的

肉类基本可以分为三类：畜肉类、禽肉类、水产类，前者可称为红肉类，后两者可称为白肉类。它们都为人体提供优质的动物蛋白质。畜肉类含高蛋白、高脂肪；禽肉类、水产类含高蛋白、低脂肪。

饭前先喝汤

饭前先喝几口汤，将口腔、食道润滑一下，可以防止干硬食品刺激消化道黏膜，有利于之后进食食物的稀释和搅拌，促进消化。饭后喝汤会把原来已被消化液混合得很好的食糜稀释，并冲淡食物消化所需要的胃酸，影响食物的消化吸收。

识别大米质量的方法

看硬度

米粒的硬度主要是由蛋白质含量决定的，硬度越大，蛋白质含量和透明度越高。新米比陈米硬度大，选购时用牙咬一下就能感觉出来米粒的硬度。

看腹白

大米腹部会有不透明的白斑。一般含水过高或不够成熟的稻谷加工后米腹白较大。陈米的腹白呈现淡咖啡色。

看爆腰

观察米粒外观，看是否有一条或多条横裂纹，如有则为爆腰米，这种米属于劣质米，煮熟后“烂里生”（俗称夹生），营养价值较低。

看黄粒

新米颗粒均匀有光泽，米粒表面呈灰粉状或有白沟纹的是陈米，且白沟纹、灰粉越多越陈旧。有霉味、虫蛀粒，或有活虫、死虫的显然也是陈米。

看手感

将手插入米袋或米桶中，抽出后观察手面，有少许白色粉面，轻吹即掉的证明是新米，轻吹不掉且搓之有油泥的为陈米或劣质掺假米。

水分和香气

陈米缺乏稻谷的清香，新米颗粒内的水分较陈谷新碾的大米更多，用手使劲撮捏时感觉黏性很强，最新鲜的大米甚至可以捏紧呈团状，而陈米捏不起来如散沙，较生硬。

挑选蔬菜有讲究

买菜要挑新鲜的，这是大家都知道的常识。除此之外，还有很多窍门：

圆白菜　圆白菜要选叶球紧实、叶梗窄、牛心形的，这样的圆白菜口感脆嫩。

茄子　买茄子不要买表皮明亮、摸起来很滑手的，这样的茄子一般比较老，里面籽粒多。那些表皮呈暗黑色、摸起来有点涩手的反而比较鲜嫩。

西红柿　买西红柿不买顶上出尖、颜色不均的，这样的西红柿多半是沾了花、抹了药的。西红柿表皮鲜亮、从果顶到果蒂颜色一致，用手摸起来紧实有弹性的，是成熟度适中的西红柿。而颜色过于深红，摸起来发软的，就有点过熟了。

冬瓜　买冬瓜要买表皮带霜的，这样的冬瓜新鲜。买倭瓜要买瓜蒂用指甲掐不动的。黄瓜根据有无刺瘤可以分成两大类，有刺瘤的黄瓜以瓜条顺直、瓜把短、顶花带刺的较为新鲜。

萝卜　萝卜形状各异，颜色多种。挑选时以根形圆整、表皮光滑、颜色鲜亮、手感沉重的为优。拿在手里沉甸甸的、压手的萝卜，水分足、无糠心。

马铃薯　马铃薯要买薯形圆整、表皮完好、芽眼浅而且少的，这样的土豆新鲜度高，可储存的时间较长。表皮出现绿色、长芽的马铃薯不能吃。

豆芽　豆芽色白、粗壮、无根，肯定是使用了激素。如果豆芽闻起来有氨气味并且过于洁白，就更不要购买和食用了。

做菜焯水有益健康

做菜焯水，老百姓都比较熟悉，大家都会做。但是，关于做菜焯水的作用、不同的原料如何选择合适的焯水方式、如何防止焯水过程中食物营养素的流失等小学问，你了解多少呢？

焯水的作用

1. 缩短正式烹调的时间。有些菜肴常是由两种或多种原料搭配而成的，由于原料性质不同，加热成熟的时间也不同。将不易成熟的原料先经焯水处理，使之成熟或将近成熟，以便在正式烹调时各种原料能够同步成熟。牛肉、猪肉、土豆、笋、茭白、花菜等原料一般都经焯水处理后烹调。如肉片和蔬菜同炒，蔬菜经焯水后达到半熟，那么炒熟肉片后，再加入焯过水的蔬菜，很快就能出锅。如果不经焯水就放在一起烹调，会造成原料生熟不一，菜样也不好看。

2. 便于加工。有些原料焯水后容易去皮，有些原料焯水后便于进一步加工切配。如芋头、土豆、山药等，生料去皮较难，焯水煮熟后，去皮就很容易了。而肉、笋等原料经焯水后更便于切配。

3. 杀菌、去毒作用。焯水可杀死原料表面微生物及寄生虫卵，并对某些原料有一定的去毒作用。如扁豆中含有的血球凝集素、鲜黄花菜中的秋水仙碱和一些可食蕈等通过焯水可以解除毒素，避免发生食物中毒。

蔬菜焯水的原理

菠菜、芹菜、油菜、西兰花等焯水受热后，这些蔬菜中酶的结构会被破坏而失去活性，抑制了酶促反应，颜色更加艳绿。

十字花科类蔬菜包括油菜、芥菜、萝卜等，这类蔬菜大多含有芥子油苷。芥子油苷会产生辛辣味。焯水后，芥子油受热后挥发。

菠菜经过焯水后既去除了涩味，又利于人体必需营养素的吸收，如矿物质钙、铁等。

豆制品如豆腐、油豆腐等，经沸水焯一下，豆腐中的氯化镁和氯化钙就会被溶解掉。因为传统方法制作的豆腐多含有氯化镁或氯化钙等物质，这两种物质都有一种苦涩味，过量食入还会导致腹泻。

肉类焯水的作用

肉类焯水可以去除肉类的苦涩味，使肉质口味更鲜嫩，可以使禽、畜等肉类原料去除血污及腥膻等异味。此外，对患有高尿酸血症、痛风的病人，肉类食物经焯水弃汤后烹调食用，可以减少嘌呤的摄入，防止尿酸升高，减少痛风的发作。

焯水的方法

依据投料时锅内水温的不同，焯水可分为冷水焯和沸水焯两种形式。

1. 冷水焯，是将原料投入冷水锅后逐步升温加热的焯水方法。冷水加热能使热量缓慢传入食物原料内部，导热体——水能逐渐渗入原料内部，使原料组织松懈，一些异味随水排出，而原料更易酥烂。

通过这样的烹调过程，有助于食物中的蛋白质在体内的吸收利用，但在长时间的加热过程中容易使一些水溶性维生素遭到破坏，如维生素C。冷水焯时防止营养素流失的要点：锅内水不宜太多，淹没原料即可；勤翻动，以使原料受热均匀。

2. 沸水焯，常简称为烫，是将原料投入沸腾的水锅中，待稍沸后随即取出的焯水方法。在焯水过程中，时间不能过长，否则植物性原料，如芹菜、菠菜等会造成叶绿素脱镁而变成叶黄素，绿色蔬菜颜色就会变淡、变黄，而且也不再脆、嫩。

这种焯水方法，原料受热时间较短，营养素的损失较少。热水焯时防止营养素流失的要点：叶类蔬菜，先焯水再切配；略滚即捞出；捞出后晾凉，不要用冷水冲，以免造成新的污染和营养素在水中的流失。

适宜焯水方式的食材

1. 冷水焯，蔬菜中耐煮的、体积又较大的一些蔬菜，如竹笋、萝卜、山药、慈姑、土豆、芋头等。需要清除较多血污和较重腥膻异味的畜禽肉类及动物内脏，如牛肉、羊肉、肚子、大肠等。

2. 沸水焯，适用于保持鲜亮色泽或脆嫩质感的蔬菜类，如菠菜、芹菜、油菜、西兰花、青菜、芹菜、青椒、莴笋等绿色蔬菜，还适用于处理腥膻味轻或血污少的畜禽类原料，如鸡、鸭、猪蹄髈、猪方肉。

哪些菜里不宜放味精

味精这种方便又能明显提鲜的调料，是每家每户的厨房必备品。可味精如果使用不当，不但会毁了菜肴的美味，甚至还能危害健康。

拌凉菜不宜放味精

味精在温度为80～100摄氏度时才能充分发挥提鲜的作用。凉菜的温度偏低，味精难以发挥作用，甚至还会直接黏附在原材料上，无味且扫兴。如果做凉菜时要放味精，宜用少量热水把味精溶解后再拌入凉菜之中。

味精用咸不用甜

味精的鲜味在咸味菜肴中才能有鲜美表现，如果在甜味菜中放入味精，不但不能增鲜，反而会抑制甜鲜的本味，并产生一股异味。所以，鸡茸玉米羹、香甜芋茸等菜肴中不能加味精。

调馅料不宜加味精

许多人在调饺子馅、春卷馅时，都会放点味精，这样很不安全。味精拌入馅料后，会一起经过蒸、煮、炸等高温过程。但是，温度只要超过

100 摄氏度，味精就会发生变性。不但会失去鲜味，还会形成有毒的焦谷氨酸钠，危害人体健康。

炒肉菜不用加味精

肉类中本来就含有谷氨酸，与菜肴中的盐相遇加热后，自然就会生成味精的主要成分——谷氨酸钠。除了肉类外，其他带鲜味的食物中也没必要加入味精，如鸡蛋、蘑菇、茭白、海鲜等。

放醋的菜不能放味精

因为味精在酸性环境中不易溶解，而且酸性越大，溶解度越低，鲜味效果越差。所以糖醋里脊、醋熘白菜等酸味大、醋加得比较多的菜肴不能放味精。

醋泡食物的好处

醋泡花生米

将花生米浸泡于食醋中，3 ~ 4 天后食用，每日 2 次，每次 10 ~ 15 粒。长期坚持食用可降低血压，软化血管，减少胆固醇的堆积，是防治心血管疾病的保健食品。

醋泡香菇

将洗净的香菇放入盛器内，倒入醋后放冰箱冷藏，一个月后即可食用。醋浸香菇能降低人体内胆固醇的含量，改善高血压和动脉硬化患者的症状。

醋泡黄豆

将炒熟的黄豆放入瓷瓶中，倒入食醋浸泡。黄豆与食醋的比例为1:2，严密封口后置于阴凉通风干燥处，7天后食用。每次服15～20粒，每日3次，空腹嚼服。有防治高血压与降血脂、降胆固醇的作用，可预防动脉粥样硬化。

醋泡大蒜

将干净、去皮的大蒜瓣放水中浸泡一夜，滤干倒入食醋浸泡50天后即可食用。每天吃2～3瓣醋泡大蒜，并饮用稀释3倍后的醋浸汁，可解热散寒、预防感冒，有强身健体之效。鼻炎患者可用一小瓶口的瓶子装入醋泡大蒜的醋汁，每晚用鼻子闻嗅，半月后效果明显。

醋泡海带

将海带切成细丝，按1∶3的比例加食醋浸泡，冷藏10天，即可食用。海带含有丰富的钙、磷、铁、钾、碘和多种维生素，具有强健骨骼、牙齿，防止软骨病和改善高血压症状等功效。

醋泡玉米

取玉米500克煮熟滤干，加入食醋1000毫升浸泡24小时，再取出玉米晾干。每日早晚各嚼服20～30粒，有明显的降血压作用。

醋泡冰糖

将冰糖捣碎后浸泡于食醋中，浸泡2天待冰糖溶化后即可服用，咳喘多痰者在早饭前、晚饭后可服10～20毫升，有良好疗效。

吃蔬菜的讲究

《中国营养健康白皮书》建议,成年人每日至少要食用500克蔬菜。但目前在国内,很多人达不到上述标准。

在保证每日500克蔬菜摄入量的前提下,要吃多种蔬菜,最好能在3~5种以上。每日最好有绿叶蔬菜、茄果类蔬菜、根茎类蔬菜、豆类蔬菜等组合搭配。吃多种蔬菜不但可以调剂口味,还可以提供丰富的营养,平衡蔬菜膳食营养成分,更有利于身体健康。

买回家的蔬菜三天内吃完

蔬菜是一种天然易富集硝酸盐的植物食品,人体摄入的硝酸盐有81.2%来自蔬菜。硝酸盐经微生物作用极易被还原成亚硝酸盐。亚硝酸盐是一种有毒物质,有害身体健康。亚硝酸盐和人体内的胺类物质结合可形成亚硝胺,医学上已经证明亚硝胺是一种强致癌物。不同种类的蔬菜含硝酸盐的差异很大,不新鲜的蔬菜,其亚硝酸盐含量要高于新鲜的蔬菜。所以,要买新鲜的蔬菜,买回来后尽快吃掉。如吃不了,尽量在4摄氏度以下的环境中保存,保存时间不要超过3天。

碱水浸泡可除蔬菜农药残留物

农药多残留在蔬菜的表皮上,因而茄果类、瓜类的蔬菜,如番茄、茄子、黄瓜等最好削皮后再吃。不能削皮的蔬菜,可用水反复冲洗,或用加入少量稀释的食用碱的水浸泡5~10分钟后再冲洗干净。

如何去除淡菜的腥味

淡菜含有丰富的蛋白质，有滋阴补阳、降低血压的功效。但是淡菜腥味较重，洗净后最好放入温水中泡发，捞出，沥干水分，再用黄酒浸泡约15分钟，即可去除过重的腥味。

淡菜是用贻贝的肉经加工制成的干货，由于制作时没有加盐，因此称为淡菜，选购时以色泽棕红，颗粒大又均匀，以手触摸感觉质地干燥、肉质肥厚，且无破碎及杂质者，品质为佳。储存淡菜，最好用白纸包好，装入塑料袋中密封，放置在冰箱的冷冻库，可以延长存放的时间。

煮粥——选料、水量、火候是关键

选料　最好用新米

民间有“粥美尝新米”之说，新米胶质大，性黏，煮出来的粥液汁如乳，水米交融，甘香快胃。陈年旧米煮出的粥，则缺少胶油，水米不易交融，口感发涩。淘净的新米，最好用水泡过，让米粒充分吸收水分，煮出的粥又软又稠。绿豆、小豆、糯米、薏米、玉米等不易煮熟的原料，浸泡时间还要长一些。

水量　一次落足

清代曹栋庭在其《养生随笔》中强调，煮粥中途“勿以水少而添，方得正味”。这就是说，煮粥用水，应一次落足。煮出的粥要浓稠适宜，最重要的是掌握好水量，依据个人喜好和粥的品种，一次将水落足。全粥、稠粥和稀粥，用水比例大不相同：

全粥：大米1杯＋水8杯；

稠粥：大米1杯+水10杯；

稀粥：大米1杯+水13杯。

另外，煮粥时，宜将米粒与冷水一起放入锅中，让米粒充分吸收水分，煮出来的粥香软。否则，米粒较硬，粥也不稠。

火候　先大火后小火

煮粥，初煮用大火，沸后改成小火，一直煮至水米交融，黏腻如一。煮粥时最应该注意的是，防止粥油溢出锅外。粥油，也称米油、粥汁，是粥反复煮沸而浮在粥上面的浓稠液体，营养最为丰富，是粥的精华。因此有"小粥喝出大营养，粥油保健赛人参"的说法。

除掌握好煮粥的火候外，还要注意原料加入的顺序，慢熟的原料先放，易熟的原料后放，把所有原料煮熟煮透。比如，米和药材要先煮；蔬菜、水果最后下锅；海鲜类先汆烫；肉类浆拌淀粉后入锅，粥品清爽而不混浊；香菜、葱花、姜末等调味品，起锅前撒入即可。"煮粥没有巧，三十六下搅。"这就是说，在旺火煮沸时，要用手勺不断搅拌，将米粒间的热气释放出来，避免米粒粘锅；在小火慢煮时，需减少翻搅，防止将米粒搅散，致使整锅粥过于浓稠。

喝粥　因人、因时、因地施粥

因人施粥　吃粥要考虑个人的年龄、体质等因素。老年人宜选用具有滋补作用的粥，如添加了山药、莲子之类的粥；面色无华的女性可选择添加了红枣、桂圆、枸杞之类的粥；身体虚弱者可选择添加了栗子、黑芝麻之类的粥。值得注意的是，粥含水量多，含淀粉也多。在体内代谢过程中淀粉转化为糖，因此，患有糖尿病的人要少喝粥。

因时施粥　粥不仅仅是冬季御寒的食品，炎炎夏日，暑蒸气耗，也同样离不开粥：百合绿豆粥，清热解毒，养颜祛痘；太极金笋粥，润肤乌发，清热泻火。春秋季节，也各有应时应季的粥供人们选择。晚间十点后熬夜加餐，不宜吃油腻食品，应以粥为好。粥里加入桂圆、大枣、莲子等安神食品，对夜班后的睡眠也有好处。

因地施粥　北方人煮粥，较少加入米之外的原料，南方人煮粥则原料较多。但也不能以"有料"或"没料"来划分粥的南北风味特色。在蒙古族人看来，没有肉料的粥，是对客人的轻视。而广东潮汕地区则认为白粥好，除了米之外，再好的原料也不能放在粥里同煮，只可用于佐餐。从营养学角度讲，不同地区，由于气候条件和生活习惯的差异，人的生理活动和病理变化也不尽相同，比如，东南地区潮湿炎热，宜清淡；西北高原地干气寒，宜辛润。

橄榄油吃对才有利健康

果渣油不能标称橄榄油

在我国，由于油橄榄资源有限，市场上的大多数橄榄油、油橄榄果渣油来源于地中海沿岸的西班牙、意大利、希腊等国家，因而价格偏高。这其中，油橄榄果渣油的价格相对于橄榄油要便宜很多。国家标准中明确规定：在任何情况下，油橄榄果渣油的产品名称都不得标称为橄榄油。

橄榄油是采用机械压榨等物理方式直接从油橄榄树果实中提取的油脂。油橄榄果渣油则是采用溶剂或其他物理方法从油橄榄果渣中获得的油脂。

橄榄油也要换着吃

经常食用橄榄油有很多好处，如可以软化血管，对心脑血管疾病有一定的防治作用等。橄榄油富含油酸，也叫 ω-9，对降低低密度脂蛋白胆固醇有一定作用。但橄榄油中缺乏 ω-3 和 ω-6。建议不要长期吃一种油，因为每一种植物油都有自己的独特之处。因此，最好的选择是各种植物油（如大豆油、花生油、菜子油等）换着吃。

如何选购橄榄油

看标签 橄榄油产品标签上的名称有：特级初榨橄榄油、中级初榨橄榄油、初榨橄榄油、精炼橄榄油、混合橄榄油 5 种。有些橄榄油产品会有原产地认证专用的标示图，说明这个产品已经通过欧洲有关国家或地区原产地认证。

看外观 橄榄油的正常颜色为浅黄至淡绿，20 摄氏度以上时清澈，20 摄氏度以下时会有悬浮物。

闻气味 特级初榨橄榄油、中级初榨橄榄油、初榨橄榄油具有橄榄油固有的气味和滋味，无异味。精炼橄榄油、混合橄榄油也无异味。

看生产日期 原装产品一定要注意原产国的生产日期，进口分装产品在注意原产国的生产日期的同时，需注意分装的日期。

科学食用有利健康

橄榄油富含植物甾醇、天然维生素 E 等营养成分，过度加热后会使营养成分丢失。

建议 直接食用或凉拌时使用初榨橄榄油。煎炒烹炸时，选择精炼橄榄油、混合橄榄油以及油橄榄果渣油。

怎样存储橄榄油

高温和光照，特别是在紫外和近紫外范围内的光照将显著增加食用油脂氧吸收率，使其氧化酸败。所以，不论买回家的是何种级别的橄榄油，一定要注意放置在阴凉干燥处，避免光线直接照射。最简单的方法是按油瓶的大小，用厚纸板（不透光）做一个油瓶罩，往上面一扣，就解决了避光的问题。

营养师爱天然味精

做菜放少许味精会让食物变得更加鲜美，增加食欲，可是长期食用味精并不利于人体健康。对此专家建议，做菜多用一些“天然味精”来提鲜。

第一味是香菇。香菇中富含游离的氨基酸，而且还有可以转变成维生素 D 的麦角甾醇，而干香菇中各项营养成分均得到浓缩，特别是蛋白质、维生素 B_2 以及钙、铁、锌、硒等含量比鲜香菇还要高出几倍。丰富的营养素使得香菇的味道也特别鲜美。香菇可以和很多种菜搭配，炒肉、做汤都可以加几个。泡干香菇的水可以当成液体味精，加到菜里调味。其他蘑菇类如平菇、口菇、鸡腿菇等也都比较鲜美，可以起到提鲜的作用。而且吃点菇类的配料，不仅能增加免疫力，还有预防痛风的作用。

第二味“天然味精”是胡萝卜。胡萝卜有很好的开胃、提鲜作用，特别是和肉菜搭配时，能帮助消除肉的腥味，增加鲜味。

喝汤时在汤里放几颗肉桂、胡椒，不但解油腻而且除腥味，还能暖胃。除此之外，放点茴香、薄荷，吃起来会温和、清香，别有一番风味，而且茴香和薄荷能兴奋神经，发汗，有助于在“秋乏”季节里更好地工作和学习。

土鸡蛋不等于更营养

现如今，超市和农贸市场里都有土鸡蛋在售卖，标价颇高，被商家誉为“更天然、更营养”的原生态食品，这些大打“乡土牌”的土鸡蛋也受到越来越多消费者的关注。专家提醒，市场上真正的土鸡蛋非常少，而且它的营养价值和普通鸡蛋也相差无几，消费者不要盲目跟风。

商家大打“乡土牌”

“农家土鸡蛋、无公害土鸡蛋、绿色鸡蛋、初产蛋……”一走进大型超市，就能看见蛋类区域摆放着各种各样的鸡蛋，有的号称用绿色食物饲养，有的号称母鸡全在草地放养、吃蚂蚱、喝山泉。引导消费者认为土鸡蛋可能比洋鸡蛋“吃着香”，“营养更丰富”。

农贸市场里很多商贩在吆喝土鸡蛋，他们宣称土鸡蛋是“从农户家直接收购来的，天然新鲜”，售价也比普通鸡蛋贵30%～50%。

市场上的土鸡蛋大致分为真土鸡蛋、仿土鸡蛋和假土鸡蛋3种。真土鸡蛋是指农家散养土鸡产的蛋，产量非常小；仿土鸡蛋是指外观和土鸡蛋很像，多是利用土鸡进行企业规模化生产，即“土鸡笼养”，实际产蛋数量较多；假土鸡蛋则是某些商家打着土鸡蛋旗号卖普通鸡蛋。

现在市场上仿土鸡蛋最多，占销量的一半左右，还有30%～40%是假土鸡蛋。真正的土鸡蛋，能占到各类土鸡蛋总量的10%就已经算不错了。因为在放养条件下生产土鸡蛋，受季节和环境影响很大，每只土鸡在一年的放养期中连100个蛋都下不了，数量极少。

目前农业部并没有颁布有关土鸡蛋的国家标准，其他诸如无公害鸡蛋标准、绿色鸡蛋标准和有机鸡蛋标准都并不适用于土鸡蛋。因此，现在市场上打着土字牌的鸡蛋是真是假，实在是无从追究。

土鸡蛋不等于更营养

大多数人认为土鸡都不吃饲料，放在大自然中散养，所以产的蛋也更加绿色、营养。可正是因为对饲养环境要求高，土鸡散养规模小、产量少，传统意义上的土鸡蛋在市场上基本见不到。

土鸡蛋和普通鸡蛋的营养价值其实相差不大。有关部门曾经对不同地域、不同品种、不同养殖方式的几十个批次的鸡蛋进行过检测，结果显示，传统农村散养方式产的鸡蛋和集中式饲养产出的鸡蛋，所含蛋白质、氨基酸、维生素、钙、磷、铁等营养物质的含量基本上差不多。

由此可见，土鸡蛋并不是“更加营养”的代名词，它和普通鸡蛋的不同更多体现在口感上。土鸡蛋中的不饱和脂肪酸含量较高，非常适合做煮鸡蛋和煎蛋，简单的烹调方法能将它优良的口感完全发挥出来。另外，畜牧学方面的研究资料和食品测定数据显示，土鸡蛋和“洋”鸡蛋相比，欧米茄脂肪酸和卵磷脂比例略高一些，对促进胆固醇的代谢和保护心血管确实有些好处。

安全新鲜是第一指标

在日常选购鸡蛋时，不少人认为个小、粉壳、蛋黄大且呈橘红色的就是真土鸡蛋。这只是商家混淆视听的一种方法，其实粉壳蛋只是模仿土鸡蛋的外表特征。通常，用白壳蛋鸡和褐壳蛋鸡杂交出来的就是粉壳蛋。为了使蛋黄颜色加深，有些不法饲养户甚至会在鸡饲料中添加色素。

在购买鸡蛋时，有一些小窍门可以帮你挑到最新鲜的鸡蛋。一看：鲜蛋蛋壳上附着一层白霜，蛋壳颜色鲜明，气孔明显，反之为陈蛋。二摇：轻轻摇动，没有声音的是鲜蛋，有水声的是陈蛋。三试：将鸡蛋放入冷水中，下沉的是鲜蛋，上浮的是陈蛋。此外，轻握鸡蛋对光观察，好蛋的蛋白、蛋黄清晰，呈半透明状，有小气室；陈蛋则呈灰暗色，空室较大。购买时对于蛋黄颜色过于鲜艳的鸡蛋要特别警惕。

西红柿炒鸡蛋

西红柿炒鸡蛋，是许多百姓家中一道普通的菜肴。其烹调方法简单易学，营养搭配合理，也符合大众口味。

西红柿含有丰富的胡萝卜素、维生素B和C，尤其是维生素B的含量居蔬菜之冠。其中含有的维生素C、糖类和芦丁等成分，具有抗坏血病、润肤、保护血管、降压、助消化等作用。

西红柿中的番茄红素含有对心血管具有保护作用的维生素和矿物质元素，能减少心脏病的发作。番茄红素具有独特的抗氧化能力，能清除自由基，保护细胞，使脱氧核糖核酸及基因免遭破坏，能阻止癌变进程。西红柿除了对前列腺癌有预防作用外，还能有效减少胰腺癌、直肠癌、喉癌、口腔癌、乳腺癌等癌症的发病危险。

西红柿含有维生素C，有生津止渴、健胃消食、凉血平肝、清热解毒、降低血压之功效，对高血压、肾脏病人有良好的辅助治疗作用。多吃西红柿有抗衰老作用，能使皮肤保持白皙。

西红柿中的烟酸能维持胃液的正常分泌，促进红血球的形成，有利于保持血管壁的弹性和保护皮肤。所以，食用西红柿对防治动脉硬化、高血压和冠心病也有帮助。西红柿多汁，可以利尿，肾炎病人也宜食用。

鸡蛋，是自然界的一个奇迹，一只受过精的鸡蛋，在温度合适的条件下，不需要从外界补充任何养料，就能孵出一只小鸡，这就足以说明鸡蛋的营养构成是非常完美的。鸡蛋被认为是营养丰富的食品，含有蛋白质、脂肪、卵黄素、卵磷脂、维生素和铁、钙、钾等人体所需要的多种矿物质。

鸡蛋中含有的丰富DHA和卵磷脂等，对神经系统和身体发育有很大的作用，能健脑益智，防治动脉粥样硬化，避免老年人智力衰退，并可改善各个年龄组的记忆力。鸡蛋中含有较多的维生素B_2，它可以分解和氧化人体内的致癌物质，鸡蛋中的微量元素也都具有防癌的作用。鸡蛋蛋白质对肝脏组织损伤有修复作用，蛋黄中的卵磷脂可促进肝细胞的再生。鸡蛋含有人体需要的几乎所有的营养物质，故被人们称为“理想的营养库”，营养学家称之为“完全蛋白质模式”。不少长寿老人的延年益寿经验之一就是每天必食一个鸡蛋。

西红柿炒鸡蛋是营养素互补的很好实例，在丰富营养的同时，还具有健美、抗衰老的作用。

茄子油炸，营养价值大打折

茄子是一种营养价值很高的蔬菜，脂肪和热量极低，每100克紫色长茄子只含脂肪0.1克，热量还不到苹果的一半。巴西科学家在实验中发现，吃茄子后人体内的胆固醇含量能下降10%。美国营养学家在介绍降低胆固醇的蔬菜时，也总是把茄子排在首位。日本科学家研究证实，茄子有提高免疫系统功能的作用，还具有预防癌症的功效。

值得一提的是，茄子中还有大量的钾，缺钾的人脑血管破裂风险增大，同时，丰富的钾还能帮助维持人体的酸碱平衡，避免体质偏酸，减轻水肿。对于高血压、动脉硬化的患者以及广大中老年人来说，茄子是一种理想的保健蔬菜。然而，要发挥茄子的优点，除了要选对茄子的品种之外，还要注意茄子的烹调方法。

在烧茄子的时候，如果用油炸切好的茄子，也就是“过油”，这时候油温很高，一般会达到180摄氏度左右，这么高的温度会造成类黄酮的严重损失，茄子的保健作用也就失去了一大半了。

维生素C与类黄酮在一起时具有“协同作用”，因为类黄酮可以防止维生素C被氧化破坏，而维生素C能促进类黄酮的防病作用。然而，在烧茄子的时候，茄子里怕热的维生素C，会在热油中损失殆尽。实际上，油炸茄子不仅仅会造成维生素C的降解，还会使维生素B_1和维生素B_2损失惨重，导致总体的营养价值大打折扣。

众所周知，茄子在烹调的过程中非常“吃油”，经常食用这样的菜肴会让人发胖，而发胖就会增加患各种慢性病的危险。所以，烧茄子时切记要控制用油，以免为了口感而把茄子变成了一种高热量、高脂肪的食物。

哪些食物不能隔夜吃

所谓的“食物隔夜后不能吃”，一般是指食物在烹饪后，随着时间的变长，食物中的有效营养物质开始分解、被氧化、被病菌所污染。食物发生了变质、腐败，所以就不能再吃了。

隔夜银耳不能吃

银耳汤是一种高级补品，但时间放久了，营养成分就会减少并产生有害成分。因为不论是室内栽培的银耳，还是椴木野外栽培的银耳都含有较多的硝酸盐类，经煮熟后如放的时间比较长，在细菌的分解作用下，硝酸盐会还原成亚硝酸盐。亚硝酸盐会使人体中正常的血红蛋白氧化成高铁血红蛋白，丧失携带氧气的能力，影响人体正常的造血功能。

隔夜开水不能喝

自来水烧开3～5分钟后，亚硝酸盐和氯化物等有害物的含量最低，最适合人们饮用。而反复多次煮沸或烧开后放置超过24小时的自来水，亚硝酸盐的含量会明显升高，是刚烧开时的1.3倍。因此，隔夜开水要少喝。

隔夜鸡蛋能吃吗

鸡蛋如果没有完全熟透，在保存不当的情况下，未熟的蛋黄中营养物质容易滋生细菌，因此会有害健康。但如果已经熟透，而且以低温（一般冷藏的温度）密封保存得当，则可以保存48小时都没问题。

发芽食物也能吃

种子在发育阶段会产生“生命激活素”，中老年人常食发芽食物，能防治老年病，起到延年益寿的功效。

萝卜籽芽可防消化道肿瘤

经日光照射的萝卜籽发芽2～3厘米时，不仅维生素C及铁、钙含量丰富，而且含有芥子油，能预防上消化道癌变。

做法　将50克白萝卜籽浸泡后放入容器内，表面蒙一层纱布，每隔5小时洒1次水。萝卜籽发芽后常用阳光照射，芽发至2～3厘米时凉拌食用，每天40克。

小麦芽治老年性耳鸣

老年性耳鸣多由耳部动脉硬化所致，小麦芽长至3厘米时富含维生素E和膳食纤维，有助于降低血液黏稠度，防治耳部动脉粥样硬化。

做法　将小麦洗净浸泡12小时后，放入容器内，表面蒙上纱布并保持湿润。小麦芽长至3厘米时，凉拌生食；长至10～15厘米时，榨汁服用，也可达到同样效果。

玉米发芽可改善睡眠

玉米出芽后72小时，色氨酸含量可提高106%。色氨酸负责神经递质的生产，如果大脑中色氨酸减少，会导致失眠、情绪低落等。每天生食玉米芽50克，两周后睡眠质量会有明显改善。

黄豆发芽有降压作用

黄豆发芽48小时后Y氨基丁酸会突然增加7倍。Y氨基丁酸对人体具有多种生理功能：降低血压、抗心律失常、抗惊厥、镇痛、改善脑机能等。

做法 从黄豆洗净发胀、初露嫩芽算起,48 小时后(芽长到0.5～1 厘米)炒熟食用。

消化不良吃大麦芽

做法 将大麦先晒1～2 日,再浸泡一昼夜,在20～25 摄氏度室温下一般2～3 天可生出胚芽,当芽长到0.5 厘米时,晾干备用。每次用10 克干大麦芽(也可从中药店购买成品)与100 克大米煮粥食用,可有效改善消化不良。

豌豆芽降血糖

将2～4 片豌豆芽捣烂榨汁,每次饮半杯,每天2 次,有明显的降糖作用。

发芽糙米软化血管

将糙米浸泡3～6 小时。置盆内盖上湿毛巾,每日洒水2～3 次,3～5 天会发出0.5～1 厘米长的嫩芽。发芽糙米与水按1∶3 比例煮饭食用,能起到软化血管的作用。

西兰花蘸芥末吃能防癌

西兰花蘸芥末吃,能增强西兰花的防癌作用。西兰花富含"硫代葡萄糖苷"这种化学物质,硫代葡萄糖苷会被西兰花含有的一种酶"硫代葡萄糖苷酶"所分解,转化成"萝卜硫素"。而萝卜硫素具有杀死癌细胞的效力。

但是,西兰花加热过度会破坏其所含的硫代葡萄糖苷酶,这样就催生不了萝卜硫素,西兰花的防癌作用也失去了。不过,若吃西兰花时用芥末之类来调味,防癌作用就会恢复。

这是因为,即使是加热过度的西兰花,只要和含硫代葡萄糖苷酶的食品一块儿食用,就能保住西兰花的防癌作用。除了芥末和山葵外,白萝卜、卷心菜、芝麻菜、水芹、球芽甘蓝等蔬菜均含有硫代葡萄糖苷酶。

除了能防癌外,萝卜硫素还有抑制幽门螺旋杆菌以及促进肝脏生成解毒酶的作用。并且,西兰花所含的其他成分也具有抗病毒、抗菌作用。

节日饮食莫忘健康

把保健蔬菜请上节日餐桌

菌类　榛蘑、松蘑、猴头菇、竹荪,不仅味道鲜美,而且蛋白质和维生素含量丰富,能提高人体免疫力。

海藻类蔬菜　裙带菜、石花菜等,具有排除食物中致癌污染物的功效,而且有利于降血糖、降血脂,还能调节人体酸碱平衡,减肥、美容。

蔬菜　四棱豆、紫背天葵、紫菜花、绿萝卜、牛蒡、芦荟、仙人掌等,都是营养价值高或保健作用显著的蔬菜。

把杂粮豆类做成美食

节日期间可对主食进行一番改革,让平日难得一见的各种杂粮当上主角。

1. 用血糯米、紫米、大麦、燕麦、薏米、黑豆、红豆、芸豆等粗粮和豆类熬成多宝粥配菜食用,可以补充维生素B族、微量元素和纤维素,不仅能让胃肠感觉畅快,而且对控制体重极有好处。

2. 用精工细做的荞麦面条、杂豆面条、玉米面条,配上精致的菜卤或者鲜美的肉汤,再加入碧绿的青菜和肉、蛋、海鲜等,即是美味而健康的节日早餐。

3. 用蔬菜、豆制品、蛋类、鱼类、菇类、海鲜等低脂肪原料作馅料,制成清爽可口的包子、饺子、菜饼、丸子等。

尝试更清爽的节日饮品

节日期间酒精饮料和甜饮料都是畅销货，然而这些饮料极不健康。不妨尝试一些不含糖的时尚健康饮品，如玫瑰花茶、菊花茶、桂花茶、金银花茶、白兰花茶、乌龙茶、白茶、苦丁茶等，不仅味道清香、清热解腻，而且餐后饮用有利于控制体重、降低血脂。

科学处理春节剩菜

宁剩荤菜　不剩蔬菜

放在冰箱里的荤菜，只要在吃之前彻底加热，可以保存1～2天，虽然损失一些B族维生素，但蛋白质可以完全保留，也不至于产生有害物质。而蔬菜在储藏中容易产生亚硝酸盐，其中的抗氧化成分和维生素C、叶酸等在储藏和反复加热之后损失极其严重。

最应先吃完的是水产品，这是因为水产品中含有的蛋白质特别容易被微生物所分解，而且水产品也更容易滋生有害微生物。

增加冷藏容积

由于春节剩菜数量和种类较多，为了合理利用冰箱空间，建议提前准备一些容积较小的保鲜盒，把剩菜分类装进小保鲜盒，然后整齐地码放在冰箱中。

剩菜的储藏位置也很重要。最容易变质的食物，如豆制品和海鲜，应当放在冰箱下层深处，或者保鲜抽屉当中，因为这里的温度最低。水分含量较低的炸鱼、炸丸子之类，则可以放在略微靠外的位置，因为这里温度相对较高。喝剩的果汁等可以放在冰箱门的部位，因为果汁比较酸，细菌不易快速繁殖。

剩菜变新菜

对于很多荤菜来说，剩菜变新菜一点不难。比如，剩下的红烧排骨，将剩排骨切碎，加咖喱粉炒洋葱、蘑菇、土豆、胡萝卜等，即可做成咖喱洋葱炒排骨。剩下的炒肉丁、炒肉片之类的菜也是一样，如果剩了油焖大虾，只需要把油去掉，加点番茄酱炒，改造成番茄大虾，又是一番风味。鱿鱼、虾仁等海鲜、河鲜可以拿来做汤和汤面的配料。

春节后解乏四汤

春节期间，应酬较多，吃了过多的大鸡大鱼等“酸性”食品，节后往往会出现身体疲乏的感觉，以下四顿汤品可起到辅助消脂除乏的作用。

虾仁豆腐汤

虾仁 35 克，豆腐 250 克，香菇 20 克，枸杞子 30 克，白菜心 100 克，生姜丝 10 克，上等鱼露和味精适量。虾仁、枸杞子洗净，香菇浸泡、洗净切丝，白菜心洗净切丝，和生姜丝一同放入锅中，加水适量，武火煎沸；豆腐切小块加入，改为文火煮 30 分钟；加鱼露、味精调味即可佐膳。

竹笋银耳汤

竹笋 300 克，银耳 20 克，鸡蛋、精盐适量，水 1000 毫升。先将竹笋洗净，银耳用水泡发去蒂，鸡蛋打入碗中搅成糊；锅中放水煮沸，倒入鸡蛋糊，加入竹笋、银耳，用小火烧 5 分钟，加盐调味即可食用。

粉丝海米芹菜汤

粉丝 15 克，芹菜 50 克，食盐适量，海米 15 克，酱油 5 克，清汤 350 克，植物油 20 克，葱花 5 克。先将粉丝、海米用温开水泡开，分别放入盘中；芹菜洗净，切成斜刀段，放入盘中；炒锅上火，倒入植物油，烧热下葱花炒出香味，烹入酱油，加入清汤烧开后，再放入粉丝、海米、芹菜、食盐煮熟，出锅盛入汤盆即可。

海带萝卜汤

山楂10克，海带100克，桂花10克，姜五片，萝卜一个(约300克)。萝卜削皮切成小块，用1500毫升水以大火煮沸后，先放萝卜、海带、姜片，待水再度滚时转成小火，直到萝卜、海带煮熟烂即可。

合理调节夏季饮食

每到炎热季节，很多人胃口不好，消化功能减弱，易出现乏力倦怠、胃肠不舒等症状。因此，合理调节夏季饮食非常重要。

加一些苦味食物

苦味食物中所含的生物碱具有消暑清热、促进血液循环、舒张血管等药理作用。热天适当吃些苦瓜、苦菜，以及啤酒、茶水、咖啡、可可等苦味食品，不仅能清心除烦、醒脑提神，且可增进食欲、健脾利胃。

补充盐分和维生素

营养学家建议：高温季节最好每人每天补充维生素 B_1、B_2 各2毫克，维生素C 50毫克，钙1克，这样可减少体内糖类和组织蛋白的消耗，有益于健康。也可多吃一些富含上述营养成分的食物，如西瓜、黄瓜、番茄、豆类及其制品、动物肝肾、虾皮等，亦可饮用一些果汁。

不可过量食用冷饮和饮料

气候炎热时适当吃一些冷饮或饮料，能起到一定的祛暑降温作用。但雪糕、冰砖等是用牛奶、蛋粉、糖等制成的，不可食之过多，否则会使胃肠温度下降，引起不规则收缩，诱发腹痛、腹泻等疾患。现在市面上饮料品种众多,但大多营养价值不高,还是少饮为好,多饮会损伤脾胃,影响食欲,甚至可导致胃肠功能紊乱。

勿忘补钾

暑天出汗多,随汗液流失的钾离子也较多,由此造成的低血钾现象,会引起倦怠无力、头昏头痛、食欲不振等症候。热天防止缺钾最有效的方法,是多吃含钾食物,新鲜蔬菜和水果中含有较多的钾,可适量吃一些草莓、杏子、荔枝、桃子、李子等水果;蔬菜中的青菜、大葱、芹菜、毛豆等含钾也很丰富。茶叶中亦含有较多的钾,热天多饮茶,既可消暑,又能补钾,可谓一举两得。

讲究饮食卫生

炎炎夏日,膳食最好现做现吃,瓜果生吃要洗净、消毒。在做凉拌菜时,加蒜泥和醋,既可调味,又能杀菌,而且增进食欲。饮食不可过度贪凉,以防病原微生物乘虚而入。

暑天宜清补

热天进补以清补、健脾、祛暑化湿为原则。应选择具有清淡滋阴功效的食品,诸如鸭肉、鲫鱼、虾、瘦肉、食用蕈类(香菇、蘑菇、平菇、银耳等)、薏米,等等。此外,亦可进食绿豆粥、扁豆粥、荷叶粥、薄荷粥等"解暑药粥",这些粥品皆有一定的驱暑生津功效。

清淡不等于拒绝鸡鸭鱼肉

进入夏季后,许多人会食欲不振,常以蔬菜瓜果为食。营养专家提醒,适当食用鱼肉有助补充人体营养,切勿走入夏季"清淡"的饮食误区。

饮食的原则是营养平衡,夏天过于倾向多食蔬菜水果而少食鱼肉未必可取。"清淡"实质是强调少用油脂,但绝不是说就得少吃肉或不吃肉。由于夏季气温高，人体代谢速度加快，蛋白质，吃点热量消耗增大；另外，天气炎热影响人们食欲，人体胃肠道活力也变差，食物摄入量因此减少。如果此时只注重蔬菜水果，而不适当补充蛋白质，吃点含高热量的食物，容易导致体质下降。

那么，每天食用多少肉比较合适呢？因个体差异，具体没有严格的限定，成年人每人每天平均需动物蛋白50～60克。一般来说，夏季每天食一次肉比较恰当，且宜在中午食用，尽量将油脂及肉皮去掉，以减少脂肪含量。另外，夏季天气炎热，水分流失较多，因此注意补水也是关键，可以多喝水，多食用含丰富水、矿物质、维生素的果蔬。

有些人常常按自以为的“清淡”方式来进食，也未必科学，常见的以下几种做法应予以纠正：

误把鲜牛奶当开水喝。夏天天气热，鲜奶虽有营养，但高蛋白质容易阻碍钙的吸收，因此建议牛奶一天只能喝两杯。

误认为清淡就是多吃水果少吃菜。夏天盛产水果，不少人常会大吃特吃。事实上，水果中的糖也会让血液中的三酸甘油酯升高，有糖尿病的患者尤其应该注意。

饭后冷饮接着上。一些人饭后就马上喝饮料，虽一时解渴但其实也是喝进热量，正确的方法应是喝白开水或矿泉水。

防暑大喝绿豆汤。很多人因为吃不下饭，就会大量喝绿豆汤、红豆汤，但这些食物和米饭一样属糖类，摄入糖分过多会在体内产生大量热量。

三瓜两豆祛暑湿

在潮湿闷热的夏季，人体很容易产生暑湿症状，如不及时调理，会损害健康。

暑湿发生时，会出现身热、困倦、四肢酸痛、口干、口苦、小便黄、胸闷、恶心等现象，甚至还会发烧、怕冷怕热。如不加以预防，容易伤及脾胃，人体内湿气太重，会导致口中无味、胃口差、消化不好、大便溏稀。

一般来说，胖人及平时爱吃油腻食物的人湿气容易过重，如果居住地潮湿、不通风，也易有湿气。藿香正气软胶囊及藿香正气水是祛暑化湿的常用药；但藿香正气水含40%～50%的酒精，司机、孕妇和对酒精过敏者不宜服用。

西瓜和黄瓜对除湿有很好的作用，可适当进食，但不宜过多。冬瓜、绿豆、白扁豆对除湿也有很好的作用。可以将大米、小米和绿豆或是薏仁、大米和绿豆熬成粥喝，能起到一定的健脾胃、防湿祛湿功效。

环境是导致湿气重的关键因素，有些人一整天都开着空调，不与室外通风，这样到了室外，很可能使身体在一冷一热中受到刺激，导致暑湿症发生，室内空调温度以调到25～26摄氏度为宜，还应间断关闭空调，开窗通风。

火锅的健康吃法

选锅底

怕冷的人，可以选择滋补汤或带辣味的汤，以促进血液循环，促进身体发热。不怕冷的人，特别是年轻小伙子，宜选择清汤，少吃辣，以免造成长痘、生疮、燥热等问题。

选蘸料

怕冷而身体瘦弱的人，最适宜选择芝麻酱等滋补蘸料。芝麻酱的滋补作用较强，对于改善血液循环和提高抗寒能力都有帮助。相反，身体壮实甚至肥胖的人，吃芝麻酱蘸料需适量，倒是可以用些海鲜类蘸料，这种蘸料脂肪含量低，吃起来口感清爽鲜美。

选主料

从主料的选择来说，身体瘦弱者可以多选羊肉，红色的薄切细嫩羊肉最好，羊腰、羊肚之类也可以。眼睛不好的人可以吃点羊肝。而原本高血脂、高血压的人应当减少羊肉的量，增加鸭血、豆腐、海鲜之类食材的比例，不要吃动物内脏，以减少升高血压和血脂的危险。

选配菜

身体瘦弱的人适宜先食各种淀粉类食材，最好是在涮肉开始前就下点土豆、山芋、山药片、藕片等，以它们替代面条、面片等作为主食，这样既能提高主食的营养质量，又能早点吃到淀粉类主食，避免一下子吃进去太多高脂肪肉类，给消化系统带来沉重负担。

身体强健的人适宜先食萝卜、生菜、白菜以及各种菌菇，下点豆腐，减少肉类的比例。绿叶蔬菜适合各类人，可以在涮肉的中间加进去，注意要及时捞出来，避免煮烂后营养损失太多。

吃火锅的时候，人们常常配合啤酒或甜饮料，但无论对于哪一类体质的人，这都不是理想的做法。相比而言，温热的白开水或者淡茶水，才是最合适的饮料。

还要注意的是：吃了涮肉之后，千万不要再吃冷饮，也不要吃冰镇的水果；火锅里的浓汤嘌呤含量高，不能多喝；对于胃肠功能不太好的人，若餐后想吃甜食，可以来点山楂，酸甜爽口，又能帮助消化肉食。

不宜与水果同食的食物

水产品与苹果不宜同食

水产品除含钙、铁、磷、碘等矿物质外，还含有丰富的蛋白质，而苹果等水果都含有鞣酸，若混合食用会化合成鞣酸蛋白，不但蛋白质受到破坏，而且这种物质有收敛作用，会导致便秘、增加对肠内毒物的吸收，引发腹痛、恶心、呕吐等症状。

乳制品与猕猴桃不宜同食

由于猕猴桃中维生素C含量颇高，易与奶制品中的蛋白质凝结成块，不但影响人体消化吸收，还会使人出现腹胀、腹痛、腹泻等症状，故食用猕猴桃后一定不要马上喝牛奶或吃其他乳制品。

大蒜与芒果不宜同食

食用芒果时应避免同时食用大蒜等辛辣食物，以免皮肤发黄。《开宝本草》记载："动风气，天行病后及饱食后俱不可食之，又不可同大蒜辛物食，令人患黄病。"

吃水果也要学会"抓时差"

水果含有丰富的营养素和益于健康的生物活性物质，它对健康的好处已经深入人心，"每天一个水果"是许多人的健康饮食标准。但是，怎样吃水果才能既保证充分吸收其营养成分，又不对身体造成不良影响呢？吃水果应讲究时间，学会"抓时差"。

上　午

上午宜吃苹果、梨和葡萄。早上吃水果，可帮助消化吸收，有利通便，而且水果的酸甜滋味，可让人一天都感觉神清气爽。人的胃肠经过一夜的休息之后，功能尚在激活中，消化功能不强，因此酸性不太强，涩味不太重的水果，比如苹果、梨、葡萄等就非常适合。

餐　前

餐前别吃圣女果、橘子、山楂、香蕉和柿子。圣女果中含可溶性收敛剂，如果空腹吃，就会与胃酸相结合而使胃内压力升高引起胀痛。橘子中含大量有机酸，空腹食用易产生胃胀、呃酸。山楂味酸，空腹食用会胃痛。香蕉中的钾、镁含量较高，空腹吃香蕉，会使血液中镁的含量升高而对心血管产生抑制作用。柿子有收敛的作用，遇到胃酸就会形成柿石，既不能被消化，又不能排出，空腹大量进食后，会出现恶心、呕吐等症状。

餐 后

餐后食用水果应选菠萝、木瓜、猕猴桃、橘子和山楂。菠萝中含有的菠萝蛋白酶能帮助消化蛋白质，补充人体内消化酶的不足，增强消化功能。李时珍在《本草纲目》中也提及，菠萝可以健脾胃、固元气。餐后吃些菠萝，能开胃顺气，解油腻，助消化。木瓜中的木瓜酵素可帮助人体分解肉类蛋白质，饭后吃少量的木瓜，对预防胃溃疡、肠胃炎、消化不良等都有一定的功效。猕猴桃、橘子、山楂等，富含大量有机酸，能增加消化酶活性，促进脂肪分解，帮助消化。

夜 宵

夜间吃水果不利于消化，而且水果含糖过多，容易造成热量过剩，导致肥胖。尤其是入睡前吃纤维含量高的水果，充盈的胃肠会使睡眠受到影响，对肠胃功能差的人来说，更是有损健康。但如果睡眠不好，可在睡前吃几颗桂圆，它有安神助眠的作用，能让你睡得更香。

紫皮葡萄最营养

全球的葡萄多达上千种，葡萄约占全世界水果产量的1/4。在我国，新疆的马奶子葡萄、无核白葡萄、河北的白牛奶葡萄、山东的龙眼葡萄以及四川的绿葡萄等，都是闻名中外的佳品。其中以新疆的无核白最名贵，素有“绿珍珠”的美称，是最甜的葡萄。无核白葡萄果粒呈椭圆形，黄绿或绿白色，果皮薄，无核；马奶子葡萄有小核，白绿色。另外还有一种果粒大，皮薄、皮肉难分离的葡萄被人们称为“提子”，根据色泽不同，分为红提、黑提和青提。此外，玫瑰香葡萄是最香的葡萄，适合生食，也可以作为酿酒原料。

葡萄营养丰富，含糖量高达10%～30%，以葡萄糖为主。葡萄中的果酸有助消化，有健脾和胃的功效。葡萄中钙、钾、磷、铁的含量较丰富，能促进肾脏功能，减少冠心病的风险。葡萄还富含B族维生素、维生素C及多种人体所需氨基酸，常食葡萄对神经衰弱、疲劳过度也有益。现代医学研究还表明，葡萄具有防癌、抗癌的作用。

就营养的角度来说，颜色越深的葡萄，价值越高。这是因为葡萄的颜色越深，色素类物质含量就越高，这类物质能强力对抗血管硬化，保护心脏和预防脑中风等。还有研究称，葡萄皮的颜色越深，黄酮类物质含量也越高，降血压的功效也越强。所以，巨峰、玫瑰香等品种的葡萄营养价值要更高。葡萄皮和葡萄籽中还含有大量的白藜芦醇，具有极高的抗癌功效，吃葡萄最好连皮带籽一起吃才最营养。

家中自酿葡萄酒

在葡萄成熟大量上市的季节，自己在家动手酿制葡萄酒也很容易。

1. 先准备一只小口的酒瓮，洗净倒扣晾干备用。

2. 取葡萄（紫色的最佳）5 公斤，剪去粗梗细枝，并用清水漂洗干净，晾干表面水分。

3. 取白砂糖 1 公斤备用（喜甜的可适当增加）。

4. 用葡萄铺在瓮底部。捏破葡萄表皮，一层葡萄加一小层白砂糖，以此类推，最后以较多的白砂糖封面。

5. 用有韧性的纸张封口，然后置阴凉通风处，让其自然发酵，在 22～25 摄氏度的环境中需 15～18 天葡萄就能全部发酵成熟。

6. 发酵成熟后，用两至三层纱布过滤两次，然后灌入预先准备的瓶中备用。

一般 5 公斤葡萄可酿制 3.5～4 公斤葡萄酒。

西瓜好吃但有禁忌

西瓜营养丰富，含有水分、蛋白质、糖类、粗纤维、钙、磷、铁、胡萝卜素等多种成分。中医认为，西瓜性寒味甘，具有清热解暑、除烦止渴、利尿等功效。西瓜虽是很好的食品，但也有禁忌。

吃西瓜不宜过多　西瓜是生冷食品，吃多了易伤脾胃，所以脾胃虚寒、消化不良、大便滑泄者少食为宜。打开过久的西瓜也不宜吃，特别是在气温过高的夏季，很适宜病菌繁殖。

感冒初期忌食西瓜 无论是风寒感冒还是风热感冒，其初期都属于表征，应采用使病邪从表而解的发散办法来治疗。中医认为，表未解不可攻里，否则会使表邪入里，病情加重。在感冒初期，病邪在表之际，吃西瓜就相当于服用清里热的药物，会引邪入里，使感冒加重或延长治愈的时间。

体虚胃寒、大便稀溏、消化不良者 西瓜多吃会出现腹胀、腹泻、食欲下降等症状。

肾功能不全者 肾功能不全者过多食用西瓜，其肾脏对水的调节能力会大大降低，对进入体内过多的水分，不能调节及排出体外，致血容量急剧增多，容易导致急性心力衰竭而死亡。

口腔溃疡者 口腔溃疡患者若多吃西瓜，会使体内所需正常水分通过西瓜的利尿作用排出一些，这样会加重阴液偏虚的状态。阴虚则内热益盛，加重口腔溃疡。

糖尿病患者 西瓜含有约5%的糖分，糖尿病患者吃西瓜过量，会导致血糖升高、尿糖增多等后果，但如果一次吃25～50克西瓜，对糖尿病患者影响不大。

热带水果的营养功效

近年来，市场上形态各异的热带水果层出不穷，那么，这些水果都有哪些营养和保健功能呢？

木　瓜

木瓜肉色橙黄，果实含有木瓜酶、胡萝卜素、蛋白质、维生素C、钙、磷、钾及少量酒石酸、苹果酸等多种活性物质及抗氧化物。

保健功效 木瓜具有很强的抗氧化能力，能破坏使人体衰老的氧自由基。常吃木瓜有防治高血压、肾炎，美容护肤，预防便秘及延缓衰老的功效。木瓜酶能分解蛋白质，帮助消化。但木瓜性湿热，如果你的脸上容易长痘，建议不吃为好。

山 竹

山竹含有丰富的糖、蛋白质和脂类、维生素、矿物质及柠檬酸，果肉雪白嫩软，味清甜甘香，微酸，润滑可口。

保健功效 山竹有清热解毒、降火、利湿、止泻作用。山竹皮含有大量单宁酸，有助于治疗粉刺及皮肤伤口。山竹可生吃，也可以用来煲汤。山竹含钾多，肾病及心脏病患者应少吃；含糖较高，肥胖者宜少吃，糖尿病人更应慎食。山竹性偏寒凉，故不宜多吃，一般每天不超过3个，且不宜与西瓜、啤酒、白菜、荠菜、苦瓜、豆浆等寒性食物同食。

莲 雾

莲雾含有少量糖、蛋白质、脂肪及矿物质等营养成分，果肉有特殊的香味。

保健功效 莲雾有利尿、解热、生津、安神的功能，是糖尿病患者首选的水果之一。莲雾适合生食，尤其是放在冰箱里冷藏片刻，吃起来味道更好。儿童消化不良时，可用莲雾拌少量盐食用，有助于消化。莲雾有利尿作用，尿频者不宜多吃。

杨 桃

杨桃含有糖、多种维生素、矿物质、微量脂肪、蛋白质及苹果酸、柠檬酸等营养成分。

保健功效 杨桃果汁中的酸性物质能提高胃液的酸度，促进食物消化，可以消除咽喉炎症及口腔溃疡，防治牙痛，可使机体郁结的内热随小便排出。杨桃适宜于患有心血管疾病、肥胖或风热咳嗽、咽喉疼痛、小便热涩以及皮肤病的人食用。将杨桃捣碎敷面，每次15分钟，有助于消除脸上的黑色素。在茶余酒后吃几片杨桃，顿觉口感清爽。但杨桃性寒，凡脾胃虚寒或腹泻者宜少食，肾病患者应忌食。

红毛丹

红毛丹的果肉和荔枝很像，吃法也一样，故有人称它为毛荔枝。红毛丹外观美，富含葡萄糖、蔗糖、氨基酸、维生素C和磷、钙等多种矿物质。

保健功效　红毛丹性甘、味温，果肉甘香甜美、多汁，味酸甜，有荔枝或葡萄风味。经常食用红毛丹可润肤养颜，清热解毒，增强人体免疫力。但多吃容易上火，故有眼红、口干、口臭、暗疮、牙肿、尿少、便秘等症状的人应少吃。

榴　莲

榴莲果肉呈淡黄色，黏性多汁，含有大量淀粉、糖、脂肪、蛋白质、维生素以及钙、铁、镁、磷、锌等矿物质，是一种营养丰富且均衡的热带水果。

保健功效　榴莲属于滋补有益的水果，可以补肾壮阳、健脾补气、温暖身体，特别适合于寒性体质者、受经痛困扰的女性及产后妇女补养身体。榴莲虽然好吃，但性热，一次不能吃得太多，否则容易上火。咽痛咳嗽、感冒和糖尿病患者都不适合多吃榴莲，否则会致病情恶化。

菠萝蜜

菠萝蜜果实大如冬瓜，是水果果实中最大的。黄灿灿的果肉浓香味美，吃完后不仅口齿留香，手上香味也久久不退。为此，它又有“齿留香”的美称。

保健功效　菠萝蜜中除了含有丰富的糖类、蛋白质、维生素、矿物质、脂肪外，还有一种叫菠萝蜜蛋白的特殊物质，对人体有保健作用。但有些人吃了新鲜的菠萝蜜后会出现皮肤潮红、瘙痒、腹部疼痛、呕吐、腹泻及脱水等过敏反应，所以吃菠萝蜜之前，应将其果肉放在淡盐水中浸泡10分钟。

人参果

原名香艳果、香瓜茄、香瓜梨。为了吸引消费者，有人将其改称为人参果、圣果。果肉淡黄多汁，味似黄瓜，生熟食用皆宜。

保健功效　人参果具有低糖，富含多种维生素、氨基酸及微量元素的特点，对儿童成长和老人的抗衰老有一定好处。虽然人参果含有一定的营养价值，但并不比常见的蔬菜营养丰富，所以，不要把它与人参的保健作用相提并论。

火龙果

火龙果又名青龙果、红龙果。因其漂亮的外表，也称为“吉祥果”。

保健功效 火龙果含植物白蛋白、脂肪、果糖、葡萄糖、膳食纤维、维生素 B_2、维生素 C、钙、磷、铁、钾和大量花青素等。火龙果有预防贫血和口角炎、降低胆固醇、促进眼部保健、美白皮肤和防黑斑、瘦身、预防便秘、增加骨密度等功效，还具有抗氧化、延缓衰老、预防肠道癌症等功效。

芭乐

芭乐又称番石榴、桃金娘。果实呈球形、椭圆形、卵圆形及洋梨形，果皮呈绿色、红色或黄色，果肉有白色、红色、黄色等。肉质细腻，清脆香甜，几乎无籽。

保健功效 芭乐含有蛋白质、脂肪、糖类、维生素及钙、磷、铁。其中维生素 C 含量比柑橘多八倍，比木瓜、西瓜、香蕉、凤梨等多数十倍。芭乐有增加食欲、帮助消化、降低血糖和血压、延缓肌肤衰老及美白肌肤的作用。但儿童及有便秘习惯或有内热的人不宜多吃。

荸荠的营养价值和保健作用

荸荠俗称“马蹄”，又称“地栗”，因它形如马蹄，又像栗子而得名。称它“马蹄”，仅指其外表；说它像栗子，不仅是形状，连性味、成分、功用都与栗子相似，荸荠皮色紫黑，肉质洁白，味甜多汁，清脆可口，自古有“地下雪梨”之美誉，北方人视之为“江南人参”。荸荠既可作为蔬菜，又可作为水果，是大众喜爱的时令之品。

营养功效

荸荠中富含磷，能促进人体生长发育和维持生理功能，对牙齿骨骼的发育有很大好处，同时可促进体内的糖、脂肪、蛋白质的代谢，调节酸碱平衡。

英国在对荸荠的研究中发现了一种不耐热的抗菌成分——“荸荠英”，这种物质对金黄色葡萄球菌、大肠杆菌、产气杆菌及绿脓杆菌均有一定的抑制作用，对降低血压也有一定效果，这种物质还对肺部、食道和乳腺的癌肿有一定的防治作用。荸荠还有预防急性传染病的功能，在麻疹、流行性脑膜炎较易发生的春季，荸荠是很好的防病食品。

荸荠是寒性食物，有清热泻火的良好功效，既可清热生津，又可补充营养，最宜用于发烧病人。此外，它还具有凉血解毒、利尿通便、化湿祛痰、消食除胀等功效。

饮食宜忌

发烧病人宜食荸荠，每次10个左右。

荸荠属于生冷食品，脾肾虚寒者忌食。荸荠不宜生吃，因为荸荠生长在泥中，外皮和内部都有可能附着较多的细菌和寄生虫，所以一定要洗净煮透后方可食用，而且煮熟的荸荠更甜。

藕的功效

莲藕　含维生素C，维生素B_1、B_2，蛋白质，氨基酸，醣类等，是一种高营养价值的蔬菜。莲藕性甘寒、凉血、散瘀、煮熟甘温益胃补心。除可做蔬菜鲜食外，亦可调制加工成莲藕粉，供冲泡食用。

生藕　性寒，甘凉入胃可消瘀凉血，清热止渴，开胃。妇女生产后生冷皆忌，只有生藕不忌。

熟藕　性温，有养胃滋阴之功效，藕结含有丰富的单宁酸，有收缩血管作用，可止血，治疗吐血、咯血、尿血、便血、子宫出血等症。

莲须　有固精、止血等功效，生、炒皆可。

荷梗　可顺气、宽胸、通乳。

荷蒂　可以安胎、止泻。

零食好吃也有讲究

多吃健康零食

英国著名营养学家帕特里克·霍尔福德在他的著作《营养圣经》中建议我们，选择食物时尽量选择“天然的、新鲜的、完整的”食物。这个原则用在零食的选择上也同样适宜，不过日常生活中有许多食物很难同时满足这三个要求，通常能满足两个条件就已经算是不错的食物了。

下面推荐几种很健康的零食，我们不妨多选择些：各种水果、可直接食用的蔬菜（如黄瓜、西红柿、萝卜等）、酸奶、煮玉米、果干（葡萄干、地瓜干、山楂干等）、全麦面包、全麦饼干、炒制的豆类、纯鲜牛奶、蒸煮或烤制的红薯、地瓜、低盐的坚果、豆浆、鲜榨果汁等。

坚果虽好　但要适量

坚果是公认的健康食品，富含不饱和脂肪酸、维生素 E 和矿物质。不过坚果虽好，也不宜大量摄入，因为坚果的美味，和它的高脂肪含量是分不开的。

此外，在坚果的选择上，建议多选择加工过程中没有使用油脂和食盐的，或是用油、盐较少的产品。

吃了零食　减少主食

节日里，家里的瓜果、坚果等零食比较丰富，很多人会不经意地增加一些零食摄入，如水果、薯片、瓜子、花生、酸奶等，而这些食物所含的热量都较高，所以吃零食较多时，要适当减少主食的量。

吃零食的其他建议

1. 不要贪吃零食，浅尝辄止，更不要用零食代替正餐。零食的营养毕竟不能和正餐相比，难以满足人体的多种需要。

2. 零食也要多样化，当然最好是在健康零食的范围之列进行变换。

3. 正餐前两小时吃少量零食，可以避免你在饥肠辘辘的时候，选择过多高热量食物。

4. 低脂肪、低热量的零食，可以适当多吃。

5. 看电视时应注意控制零食的摄入量，否则很容易不知不觉吃得太多。

干果之王——板栗

俗话说："腰酸腿软缺肾气，栗子稀饭赛补剂"，说的就是素有"干果之王"美称的板栗。

板栗的营养价值

板栗与其他坚果最大的不同是，它含有相当多的碳水化合物，蛋白质和脂肪较少，提供的热量比其他坚果少一半以上，因此爱美的女士可以放心食用而不用担心发胖。

对老年人而言，板栗所含的不饱和脂肪酸和维生素、矿物质，能防治高血压、冠心病、骨质疏松等疾病，是抗衰老、延年益寿的滋补佳品。

板栗含有核黄素，常吃对日久难愈的小儿口舌生疮和成人口腔溃疡有益。中医认为板栗能补脾健胃、补肾强筋、活血止血。孕妇常吃板栗不仅可以健身壮骨，而且有利于骨盆的发育成熟，还有消除孕期疲劳的作用。

需要注意的是，板栗生吃难消化，熟食又易滞气，所以一次不宜多食，推荐量为每人每次50克左右。脾胃虚弱、消化不好的人不宜食用。

剥皮小窍门

板栗虽然好吃，但入菜时，去壳后果实上的那层皮却不怎么好剥，连皮食用又严重影响口感，下面介绍几种简单方便的去皮办法：

1. 热水浸泡法。生栗子洗净后放入器皿中，加精盐少许，用滚沸的开水浸没，盖锅盖。5分钟后，取出栗子用刀切开，内皮即随栗子壳一起脱落。

2. 冰箱冷冻法。栗子煮熟冷却后，放入冰箱内冷冻两小时，随后剥起来既快、栗子肉又完整。

葛根的营养价值

葛根为豆科植物野葛的根，系豆科葛属多年生植物，其根既是古代的救荒植物，又是中医中常用的中药材，多生于山坡草丛、路旁、疏林中较阴湿处。主要产地为湖南、浙江、河南、广东等省。春季种植，冬季收获，秋、冬季是采挖的季节，趁鲜切成厚片或小块，然后进行干燥加工。

葛根的营养价值

葛根主要含碳水化合物、植物蛋白、多种维生素和矿物质，此外还含有黄酮类物质。

1. 营养心肌，扩张血管。葛根含黄酮和葛根素，能改善心肌的氧代谢，对心肌代谢产生有益作用；同时，能扩张血管，改善微循环，降低血管阻力，使血流量增加，故可用于防治心肌缺血、心肌梗死、心律失常、高血压、动脉硬化等病症。

2. 解肌发表。葛根丙酮提取物有使体温恢复正常的作用，对多种发热有效，故常用于缓解发热口渴、心烦不安等病症。

3. 降糖降脂。葛根素有明显地降低血糖的作用，葛根所含的黄酮类化合物有降血脂的作用，能降低血清胆固醇，对于治疗高血糖、高血脂病症，有显著疗效。

4. 益智作用。某些研究表明，葛根对学习记忆障碍有明显的治疗作用，葛根醇提取物能显著对抗东莨菪碱所致的记忆障碍，可用于治疗老年性痴呆、智力障碍、记忆力差等病症。

5. 升举阳气，止渴止泻。葛根轻清升散，药性升发，柳举阳气，鼓舞机体正气上升，津液布行。升发脾胃清阳空气而止渴，止泻痢。故常用于治疗内热消渴，麻疹透发不畅，腹泻、痢疾等病症。

葛根的几种吃法

1. 桂花葛粉羹。桂花糖5克，葛根50克。先用凉开水适量调开葛粉，再用沸水冲化葛粉，使之成晶莹透明状，加入桂花糖调拌均匀即成。此羹甘甜润口，气味芬芳，具有迟热生津、解肌发表的功效，适用于发热、口渴、心烦、口舌溃疡等病症。

2. 葛根粉粥。葛粉200克，粟米300克。用清水浸粟米一晚，第二天捞出，与葛粉同拌均匀，按常法煮粥，粥成后酌加调味品。此粥软滑适口，清香沁脾，具有营养机体、时举阳气的功效，适用于防治心脑血管病症。高血压、糖尿病、腹泻、痢疾患者宜常食之。

3. 葛粉饭。葛粉200克，粟米饭500克。先用滚开水将饭淋湿，加入葛粉拌匀，放入豆豉汁水适量，用旺火煮熟，再适当拌以调味品，即可食用。此饭具有清心醒脾、促进智力发育的作用，适用于狂症、心神恍惚、言语失常、记忆衰退等病症。

4. 葛粉猪胰汤。葛粉50克，猪胰半具。将猪胰洗净切薄片，煎水，待猪胰熟后，加入葛粉调匀，酌加五味调料，即可食用。此汤鲜香适口。

给名贵食材找替身

自古以来，各种珍稀的食材深受人们青睐，然而，那些昂贵的食材真的具有与其价格相符的营养价值吗？如果名贵食物中的营养成分在普通食物中也能找到，那么对普通百姓来讲，有哪些食物可以作为名贵食材的替代品呢？

燕窝

燕窝富含蛋白质，各种小分子肽类和小分子氨基酸，磷、钙、钾等元素含量也很高，同时也有少量的胶原蛋白。燕窝确实有养颜补身的效果，不过期望吃一两次就有神奇的效果是不现实的。燕窝性平，想要达到美容养颜又养生的效果，需要持续吃才行。

替身：银耳、豆腐。银耳、豆腐和燕窝的营养成分类似，同样含有较丰富的蛋白质以及小分子氨基酸，虽然含量比燕窝要少，但也足以维持人体需要。

鱼翅

鱼翅营养价值比较丰富，但由于鱼翅中的胶原蛋白缺少一种必需的氨基酸（色氨酸），属于不完全蛋白，因此难以被人体所吸收。

替身：肉皮、猪蹄、软骨。肉皮、猪蹄及软骨等食物中胶原蛋白的含量不少于鱼翅，蛋白质含量也很丰富，在烹调时搭配禽畜肉以及鱼、虾、蟹等富含色氨酸的食物，能帮助其所含胶原蛋白尽量被人体吸收。

鲍鱼

鲍鱼属于高蛋白质、低脂肪的食物，鲍鱼中球蛋白含量较高，而球蛋白有一定的增强人体抵抗力的作用。

替身：河蚌、田螺。河蚌、田螺和鲍鱼的营养价值较为接近，都属于高蛋白、低脂肪的食品。这是各种贝类食物的共同特点，而田螺的含钙量、河蚌的含锌量甚至还都高于鲍鱼。

鱼子酱

鱼子酱一般特指鲟鱼子，主要营养成分包括蛋白质、胆固醇和卵磷脂。卵磷脂被誉为与蛋白质、维生素并列的“第三营养素”，对肝脏有保护作用，还能促进大脑发育，增强记忆力。此外，鱼子酱还含有皮肤所需的微量元素、矿物盐、蛋白质、氨基酸和重组基本脂肪酸，能有效地滋润皮肤。

替身：鸡蛋黄。鸡蛋黄富含蛋白质、维生素、卵磷脂等，对大脑发育很有好处。

鹅 肝

鹅肝富含蛋白质、脂肪、维生素A及B族维生素。鹅肝中维生素A含量丰富，维生素A有助于多种眼疾的治疗，对保护视力很有好处。

替身：猪肝。猪肝除富含维生素A外，微量元素铁、锌、铜的含量也比较丰富，是鹅肝的理想替代食品。

怎么吃枸杞子

不知从何时起，很多上班族的水杯里满是红艳艳的枸杞子。提起它的作用也是一套一套：明目、补肾，还能降血糖。那么枸杞子怎么吃才更健康呢？

炒菜、煮粥的时候放一把

枸杞子富含多种微量元素，能滋阴、增强免疫力，但只有在坚持食用的情况下，才有药物价值。用枸杞子泡水喝是最常见的，但枸杞子中所含的维生素大多是水溶性的，遇热容易被破坏。建议大家把枸杞子稍微泡一下，在炒菜、煮粥时放一点作配料就可以了。

像普通食物一样吃

枸杞子之所以对眼睛有好处，是因其富含胡萝卜素、维生素、钙、铁等营养元素，俗称“明眼子”。历代医学家治疗肝血不足、肾阴亏虚引起的视物昏花和夜盲症，常使用枸杞子。

打豆浆的时候放一些

枸杞子有延缓衰老的功效，在用豆浆机打豆浆的时候，放一小把枸杞子，可以充分利用枸杞子所含的各种营养物质和微量元素。

不过，枸杞子并不适合所有人，体质虚弱、抵抗力差的人可以多吃点。但因其温热身体的效果很强，感冒发烧、发炎、腹泻的病人就最好别吃了。此外，枸杞子也有“保质期”，变质的枸杞子就不能再吃了。

红枣的营养价值

大枣，又名红枣，自古以来就被列为“五果”（桃、李、梅、杏、枣）之一，历史悠久。大枣最突出的特点是维生素含量高，在国外的一项临床研究表明：连续吃大枣的病人，健康恢复比单纯吃维生素药剂的病人快3倍以上。因此，大枣有“天然维生素丸”的美誉。

功　效

红枣能提高人体免疫力，并可抑制癌细胞。药理研究发现，红枣能促进白细胞的生成，降低血清胆固醇、提高血清白蛋白，保护肝脏，红枣中还含有抑制癌细胞，甚至可使癌细胞向正常细胞转化的物质。

经常食用鲜枣的人很少患胆结石。这是因为鲜枣中丰富的维生素C，使体内多余的胆固醇转变为胆汁酸。胆固醇少了，结石形成的概率也就随之减少。

红枣中富含钙和铁，它们对防治骨质疏松和贫血有重要作用。中老年人在更年期经常会有骨质疏松，正在生长发育期的青少年和成年女性容易发生贫血，红枣对他们会有十分理想的食疗作用，其效果通常是药物不能比拟的。此外，红枣对病后体虚的人也有良好的滋补作用。

红枣所含的芦丁，是一种使血管软化，从而使血压降低的物质，对高血压病有防治功效。红枣还可以抗过敏、除腥臭怪味、宁心安神、益智健脑、增强食欲。

特别提示

生吃红枣时，枣皮容易滞留在肠道中而不易排出，因此吃枣时应吐枣皮。枣皮中含有丰富的招牌营养素，炖汤时应连皮一起烹调。由于食用红枣过量会引起胃酸过多和腹胀，因而建议每天不超过5枚。腐烂的红枣在微生物的作用下会产生果酸和甲醇，人吃了烂枣会出现头晕、视力障碍等中毒反应，重者可危及生命，所以要引起注意。

喝茶——根据体质、季节来选茶

想通过喝茶养生，就必须对茶有所了解。每种茶的性质不同，一定要选对适合自己的茶。

看茶喝茶

中国的茶分为绿茶、红茶、黄茶、白茶、青茶、黑茶六大类。六大茶类茶性不同，对人体的影响也不同。

绿茶性寒，适合体质偏热、胃火旺、精力充沛的人饮用，绿茶有很好的防辐射效果，非常适合常在电脑前工作的人。

白茶性凉，适用人群和绿茶相似，但“绿茶的陈茶是草，白茶的陈茶是宝”，陈放的白茶有去邪扶正的功效。

黄茶性寒，功效也跟绿茶大致相似，不同的是口感，绿茶清爽，黄茶醇厚。

青茶（乌龙茶）性平，适宜人群最广。

红茶性温，适合胃寒、手脚发凉、体弱、年龄偏大者饮用，加牛奶、蜂蜜口味更好。

黑茶（普洱茶）性温，能去油腻、解肉毒、降血脂，适当存放后再喝，口感和疗效更佳。

看季节喝茶

春起花茶和单从。春天重点在于疏通肝气，而芳香类物质有通窍的功效，所以可多喝凤凰单从和茉莉花茶。但新鲜绿茶在春季寒气还太重，不宜多喝，体寒者尤其要注意。

夏爽绿茶和观音。夏天消暑解渴首选绿茶。此外，铁观音、台湾高山茶都是不错的选择，体质好的人也可以喝些存放3～5年的生普洱。

金秋乌龙正当令。秋天适合喝青茶，青茶的性、味介于绿茶、红茶之间，不寒不温，既能清除体内余热又能生津养阴。秋季最适合喝当年春季产的铁观音和上年所出的武夷岩茶。

冬阳红茶与熟普。红茶冬天喝可以养阳气，给人以温暖的感觉。熟普洱可以暖胃驱寒，消食化积。

看人喝茶

很多老人担心喝茶会导致缺钙，其实只要不喝过多、过浓的茶，并且适当多喝点牛奶、多吃点豆腐，流失的钙完全可以补回来，上年纪后可多喝些红茶。儿童也可以适当喝点淡茶水，对生长发育有益。

男性、女性也分别适合不同的茶。男性适合喝绿茶，三年以上的生普洱，乌龙茶，特别是武夷岩茶，被称为“男人喝的茶”；女性可以适当喝些绿茶，有美容养颜的功效，但在经期、孕期要控制饮茶量，更年期则可以多喝花茶。

巧饮茶品助健康

嗓子干泡杯麦冬茶

春天风大雨水少，感到咽干口燥时，光喝水解不了渴，这时就需要药茶来帮忙了，这里为大家介绍一例麦冬茶。

麦冬具有养阴生津解渴、润肺清心除烦的作用，是养阴类中药里最常用的一种。泡茶时，可取3～5根麦冬，先用少量温水冲泡两三分钟，洗去杂质，然后换200～300毫升沸水加盖泡15～20分钟，之后代茶频饮。久泡的麦冬会变得白胖，半透明的样子非常可爱。一天下来，可将其嚼碎咽下，麦冬虽味苦，但咀嚼后会有回甘。如果不喜欢这种味道，冲泡麦冬时可以加入适量的冰糖或蜂蜜。蜂蜜有养阴润肺通便的作用，适于兼有皮肤干燥、便秘的人；冰糖降火去燥，适于心烦易怒的人。如果喝水并不少却仍然小便发黄，可在麦冬茶里加入少量莲子心，莲子心具有清心除烦的作用。

需要注意的是，麦冬药性偏凉，平时胃寒怕冷、咳嗽痰多或容易着凉拉肚子的人，不适合饮用此茶。

喝黄芪茶延年益寿

黄芪茶的制法：到中药店购买250克（打碎的）黄芪，加入党参200克，连同16粒红枣一起放在药壶里煎，每次一小碗，20天为一个疗程。

黄芪能提高人体免疫力，有强心抗衰老的作用。党参甘平，有补脾养胃、润肺生津、健运中气的功效。红枣常食可提高人体免疫力、促进新陈代谢，并有降低血清胆固醇的作用，有助延年益寿。

山丹泽菊饮防高血脂

高血脂是引发脑卒中、冠心病、心肌梗死、猝死的危险因素。此外，高血脂也是引发高血压、糖耐量异常、糖尿病的一个重要危险因素。高血脂还可导致脂肪肝、肝硬化、胆石症、胰腺炎、眼底出血、失明、周围血管疾病、高尿酸血症，等等。因此，必须高度重视高血脂的危害，积极地预防和治疗。

山丹泽菊饮对高血脂的治疗有很好的疗效，具体方法：山楂10克，丹参10克，泽泻10克，菊花6克，煎水代茶饮，一般一到两周即有显著效果。

几种菊花茶的功效各有不同

许多人习惯在工作学习之时，在案头沏一杯菊花茶。菊花茶能清火、明目，还能抗辐射，菊花茶也因此成了餐厅中常见的饮料。现在市面上菊花茶的品种琳琅满目：白瓣黄心的、黄瓣黄心的、白瓣白心的，名字也各不同：杭菊、贡菊、滁菊、野菊……到底该选哪种好呢？

降火用滁菊

滁菊又名“白菊”、“甘菊”，是菊花中花瓣最紧密的一种。它花蕊金黄，花瓣晶莹玉白，素有“金心玉瓣”之美誉。滁菊疏散风热的效果最强，一旦出现嗓子发干、头发昏等“热伤风”症状，喝一些滁菊茶就能缓解。

明目用贡菊

贡菊也称“黄山贡菊”，因在古代被作为贡品献给皇帝，故名“贡菊”。贡菊花朵雪白，蒂呈绿色。冲泡的时间长了，连茶汤也会变成绿色。贡菊的寒性缓和一些，清肝明目、养肝养眼的作用更突出。贡菊泡茶再加一些枸杞子，是电脑族的护眼良方。

清咽用杭菊

杭菊花朵较大，分为杭白菊和杭黄菊两种，杭白菊味道更甘美一些。与贡菊相比，杭菊的深色花心更明显，泡开后花瓣也容易脱落。杭菊清热利咽的效果最强，咽喉肿痛时，喝点杭菊最好。

消炎用野菊

与以上几种家菊相比，野菊花的花朵更小更黄，花形也不是很好看，苦寒味更重一些。野菊花解毒、清热、消肿的作用最强，对缓解生疮、牙痛、口臭都有效，现代研究发现，野菊花抗癌的作用也很强。不过，一般情况下不要喝野菊花茶，以免损伤脾胃阳气，造成胃部不适、肠鸣、大便溏稀等不良反应。

最后需要提醒的是，无论用哪种菊花泡茶，都应根据个人体质饮用。体质偏寒的人喝菊花茶的时候要放点枸杞子，而脾胃虚寒的人最好少喝。

苦丁茶

苦丁茶是冬青科冬青属苦丁茶种常绿乔木，俗称茶丁、富丁茶、皋卢茶，主要分布在广东、福建等地，是我国一种传统的纯天然保健饮料佳品。苦丁茶中含有苦丁皂甙、氨基酸、维生素C、多酚类、黄酮类、咖啡因、蛋白质等200多种成分。其成品茶清香有苦味，而后甘凉，具有清热消暑、明目益智、生津止渴、利尿强心、润喉止咳、降压减肥、抑癌防癌、抗衰老、活血脉等多种功效，素有保健茶、美容茶、减肥茶、降压茶、益寿茶等美称。

经现代医学对苦丁茶药理、药效、毒理的系统研究和临床应用证明，苦丁茶具有降血、消脂、减肥、防治心血管等疾病和增强体力、记忆力、抗衰老、抗突变、防癌、防白内障等诸多功效，有利于治疗口腔炎、咽喉炎、风火牙痛、齿龈出血，瘀气、胃肠及口鼻炎症。外用可杀菌、消炎、止痒、治青春痘和痱子。

胆固醇高的人要常吃的10种食物

苹果　富含果胶、纤维素和维生素C，有非常好的降脂作用。每天吃两个苹果，坚持一个月，大多数人血液中的低密度脂蛋白胆固醇（对心血管有害）会降低，而对心血管有益的高密度脂蛋白胆固醇水平会升高。

胡萝卜　富含果胶酸钙，它与胆汁酸发生化学反应后从大便中排出。身体要产生胆汁酸势必会动用血液中的胆固醇，从而促使血液中胆固醇的水平降低。

玉米 含有丰富的钙、磷、硒和卵磷脂、维生素E等，具有降低血清胆固醇的作用。

牡蛎 富含锌及牛黄酸等，尤其是牛黄酸可促进胆固醇分解，有助于降低血脂水平。

杏仁 胆固醇水平正常或稍高的人，可以用杏仁取代其膳食中的低营养密度食品，达到降低血液胆固醇并保持心脏健康的目的。

海带 含丰富的牛黄酸，可降低血压及胆汁中的胆固醇；含食物纤维褐藻酸，也可以抑制胆固醇的吸收，促进排泄。

大蒜 能减少肝脏合成胆固醇，每天只需吃3瓣大蒜，便可有效降低有害的胆固醇，使有益胆固醇升高，使心脏病的发病率减少50%。

牛奶 含较多的钙质，能抑制体内胆固醇合成酶的活性，也可减少人体对胆固醇的吸收。

蜜橘 含有丰富的维生素C，多吃可以提高肝脏解毒能力，加速胆固醇转化，降低血清胆固醇和血脂的含量。

茶 含有咖啡因与茶多酚，有提神、强心、利尿、消腻和降脂等功能。经常饮茶，可以防止人体内胆固醇的升高。

血液清道夫

猪血 猪血能较好地清除体内的粉尘，减少有害金属微粒对人体的损害。研究发现，猪血中的蛋白质经胃酸分解后，可产生一种消毒及润肠的物质。这种物质能与进入人体内的粉尘和有害金属微粒起化学反应，然后通过排泄将这些有害物带出体外，堪称人体污物的"清道夫"。

黑木耳 黑木耳中的胶质可把残留在人体消化系统内的灰尘、杂质吸附集中起来排出体外，从而起到清胃涤肠的作用。同时，它还有帮助胃肠消化纤维类物质的功能，对无意中吃下的难以消化的头发、谷壳、木渣、沙子、金属屑等异物有溶解与氧化作用。此外，黑木耳对胆结石、肾结石等内源性异物也有比较显著的化解功能。

新鲜果汁　食用足量的新鲜果汁，可以使血液呈碱性，也有让血液细胞毒素溶解的功用。

绿豆　在日常饮食中多喝些绿豆汤，有一定的祛铅毒功效。经常在有毒环境下工作或接触有毒物质的人，应经常食用绿豆来解毒。

家居点滴来关照

选用凉席，按体质最有益

常见的凉席分为草编和竹编两大类，此外还有竹炭席、玉石席、牛皮席和藤席等，选购时真让人眼花缭乱。健康专家提醒市民，每种凉席各有千秋，不能一味贪凉、贪靓，一定要根据自己的身体状况选购最适合的凉席。

冰凉席

冰凉席是将特质药水固定在凉席材料内，人躺在上面，有一种类似于躺在冰水上的冰冻感觉。如果按凉爽程度来分，排第一位的当属冰凉席。

缺点： 凉性大，老年人、小孩及体质弱的人不宜使用。而且冰凉席的表面材料和内部填充物是用化学复合材料制作而成，部分人睡久了可能会过敏。

玉石凉席

凉度排在第二位的是用玉石薄片穿起来制成的玉石凉席，每块玉石之间留有一定间隙，增加了凉席的透气性。具有镇心安神的作用，对烦躁、失眠有很好的疗效。

缺点： 触感寒凉，更适合怕热、阴虚内热体质的中青年使用。

竹席

竹席凉爽、耐用，且价格适中，常见的有水竹凉席、竹条席以及用小竹片和塑料绳串起来的麻将竹席。其中麻将凉席最为凉爽、柔韧，且对背部有较好的按摩作用。

缺点： 透气性差、硬度大，铺垫不平时易折损。带喷绘图案的竹席可能引发接触性皮炎。需要注意的是，夏天外部气温高，人的体温也有所升高，麻将凉席中粗大的塑料绳管受热容易挥发毒性气体，不适合长期使用。

牛皮席

在众多中性凉席中，牛皮席是首选。牛皮席属于高档凉席，以整张水牛皮制作成的最好。牛皮席四季可用，冬暖夏凉，吸汗性好，非常适合出汗比较多的人。由于是皮料制作，和人体肌肤接触时也会体现其特有的柔和爽滑。可以说，“牛皮凉席＋空调”是当下卧室最完美的组合。

缺点：使用后席边容易起褶皱，真皮的皮层容易吸水而且挥发缓慢，在梅雨季节可能会长霉。牛皮席价格较贵，一般每张在千元以上。

藤　席

藤席用藤皮经手工编织而成，分常黄、常白与常青三种，其中又以常黄最耐看、常青最耐用。反复蒸晒制成的藤席，吸汗滑爽、柔软耐磨，折叠不易断裂，一般可用几十年(使用时间越长，光泽度越好)，而且不易长虫，适合各种人群使用。

缺点：价格比普通凉席高。适合有体味、身体毒素较多者。

竹炭席

制作竹炭席所用的竹子经过特殊的氧化处理，吸附性很强，具有除菌、防臭、吸附灰尘、清新空气、清凉宜人的特性。虽然冰凉程度次于竹席，但比一般的凉席更吸汗。适合老年人及体质虚弱者。

缺点：颜色较深。有些“竹炭席”只是在普通竹席中夹了炭布层。

草　席

草席在凉席中按辈分算得上是元老级了，以其低廉的价格、温和的性质、柔软的材质，并有一种天然清香，深受中老年人喜爱。

缺点：传统草席的一大缺点是容易长螨虫，婴儿使用会引起过敏。草席吸水能力比较强，用过一季后，席面容易变黄破损，不耐用。

如何选购太阳镜

夏天来了，买一副漂亮的太阳镜既能遮蔽阳光，防紫外线，又能扮酷，成为时尚一族。作为一种保护眼睛的产品，太阳镜质量的优劣会直接影响使用者的眼部健康。合格的太阳镜可以有效遮挡紫外线，保护眼组织免受强光的损伤，而劣质的太阳镜则可能给眼睛带来严重的损害，轻者会使使用者眼睛干涩、疲劳、灼热及疼痛、流泪，或引起头晕、恶心、呕吐等全身不适，重者还有可能对使用者角膜、晶体及视网膜造成不可逆的永久损害。

街摊上出售的廉价太阳镜，其镜架材料大多是劣质的金属制品，镜片大多由没有质量保证的人造有色玻璃原料制成，这些劣质镜片既没有重金属氧化物成分，也没有镀过膜，更没有进行常规的热处理、防爆处理和防辐射处理，因此毫无防晒遮光、保护视力的功能。相反，由于其制作十分粗糙，镜片厚薄不一，颜色也不均匀，光学性能很差，戴后易引起头疼、眼疼、疲劳等不适感。

还有些劣质镜片是回收再利用，镜片带有一定的近视度数，有些镜片度数较浅，一般感觉不出来，必须到正规眼镜店验光才能检测出来。所以，买太阳镜不同于买其他消费品，一定要到正规眼镜店去选购。

怎样选购太阳镜呢？消费者在购买太阳镜时应该牢记两条：镜架、镜片平整；透晰度要高。挑选时注意镜片表面要光滑，无磨痕、气泡，手拿太阳镜的两脚距离眼睛45厘米处对着日光灯，让镜面的反光条平缓滚动，如果发现日光灯影出现波浪状、扭曲状等变形情况，证明镜片不平整，这样的镜片会损伤视力。选择防紫外线的太阳镜，要仔细检查镜面上或吊牌上有没有注明防UVA、UVB的标志。购买时，将太阳镜平放在柜台上，如果眼镜不能平稳放置，说明镜架有问题。

太阳镜镜片的颜色一般以灰色最佳，深褐色和黑色次之；蓝色和紫色最差，能透过更多的紫外线；黄色、橙色和浅红色的尽量不要用。目前市面上最常见的镜片材质有玻璃和树脂两种，玻璃镜片的缺点是易碎，容易刺伤眼睛。

挑选太阳镜前可以先咨询一下眼科医师的意见。一般的太阳镜是没有度数的，屈光度应为0，所以选购太阳镜时要戴上试试看有没有眩晕、头疼的感觉。现在市面上也有一些标明度数的近视太阳镜出售,不过因为配镜中的瞳距等指标因人而异,所以如果没有专业人士的指导,消费者最好不要选择这种有度数的太阳镜。视力正常的人如果戴上这种太阳镜,即相当于戴了一副近视或远视镜,一个夏天下来,视力会受到很大影响。

目前时尚界颇为流行的大框架眼镜,这类镜架多为进口的,是根据外国人脸型设计的,而我国成年人双瞳孔的距离多数小于进口大框架眼镜的光学中心距离,选戴这种太阳镜会大大增加眼球调节功能的负担,会损伤眼睛。

哪种面料的伞最防晒

夏季强烈的紫外线直接射在皮肤上,很容易导致皮肤衰老,出现皱纹和色斑,过度日晒还能引发红斑、热疹、疖肿等皮肤疾病。所以,女性在外出时一般都会带上遮阳伞,选择一把具有防紫外线功能的遮阳伞,可对皮肤起到很好的保护作用。那么到底什么样的遮阳伞最防晒呢?

遮阳伞的防晒原理

紫外线穿透遮阳伞织物的时候会发生4种情况:一部分透过织物产生透射;一部分在织物表面发生反射;穿透织物纤维的过程中会被吸收一部分;穿透织物后有一部分散射。

自检遮阳伞的防晒性

正规厂家生产的遮阳伞在商标中都标明了面料和抗紫外线指数。你手中的伞能遮挡紫外线的穿透和杀伤吗?下面两种方法可以帮你大致检测。

方法一:将一张新版一百元人民币放在伞内侧,如果“100”的紫外线防伪标志模糊不清,说明此伞能阻隔一定波段的紫外线;反之,则说明伞的防紫外线效果差。

方法二:将几把不同材料的遮阳伞撑开放在户外,每把伞的里外各放一个相同型号的温度计，暴晒10分钟后，观察伞内外温度计的读数，如果内外温度相差较大，说明伞的隔热、防紫外线功能好；反之，则说明质量不好。

遮阳伞所使用的防晒面料

银胶涂层面料不仅防紫外线效果好，而且价格相对便宜。使用时要注意，银胶涂层不能淋雨，雨水会损伤伞的涂层，降低防晒效果。遮阳伞使用时间长后，银胶涂层会老化发黑，这是因为涂层收缩了，要更换新伞才能保证防晒效果。

TC色织布面料是一种新型面料，可以水洗，不影响防晒效果。还有一种镭射冲面料，面料表面压附了许多折光颗粒，每个小点都会随着光位置的转动而改变颜色，起到对紫外线的散射作用。这两种面料防紫外线效果最佳，但是价格较贵。

另外，相同质地颜色不同的面料的紫外线透过率也不同。黑色面料的紫外线透过率为5%；藏青、红、深绿、紫色面料的紫外线透过率为5%～10%；绿、淡红、淡绿、白色面料的紫外线透过率为15%。因此，相同质地的面料中，颜色深的比颜色浅的防晒效果好。

电压力锅、电紫砂煲、电饭煲的优劣

在苏州地区，煮饭、煲汤、焖肉是日常烹饪项目，目前市场上具有这些功能的烹饪产品很多，最常见的有电压力锅、电紫砂煲、电饭煲三类。

电压力锅

电压力锅最大的优点在于使用压力，缩短了烹饪时间。以煮饭为例：一般电压力锅煮饭只需7～10分钟，而普通电饭煲需要15分钟，电紫砂煲需要的时间更长一些，大概半小时左右。而在焖肉、压黄豆、烹煮蹄筋等时，电压力锅更是表现出了非常强的优势，用电饭煲、电紫砂煲难以炖熟的肉类，在电压力锅里往往只需30～40分钟就柔软爽口了。不过，由于煮饭的时间比较短，很多人都反映电压力锅煮出来的饭不如电饭煲煮出来的香。为此,一些新产品改变了传统电压力锅的煮饭方式,传统电压力锅内的米水是不沸腾的,煮出来的米饭易结块,而部分新型电压力锅采用了沸腾技术,在蒸煮过程中让米水不断沸腾、翻滚,使米饭中的淀粉充分转化,因此煮出来的米饭可以跟电饭煲煮出来的一样香甜可口。

目前市场上大多数的电压力锅都是采用了内锅与锅盖分离的浮动密封结构,当碰到超压等压力过大的情况时能自动卸压。另外,在控制方面采用了压控、温控等多种技术,能自动实现压力的控制,非常安全。

电紫砂煲

用电紫砂煲煲汤,可以保证炖品质地酥烂、原汁原味,汤水口感鲜美。不过,为了争取美味,电紫砂煲的工作原理是以低温非常缓慢地烹熟食物,当锅内达到一定温度时温度就不再上升,一直保持在一个稳定的温度,所以不管是煲汤还是煮饭,所花时间都比较长。对于爱喝老火靓汤的人来说,煲汤应首选电紫砂煲。

电饭煲

电饭煲,顾名思义,是理所当然的"煮饭专家"。作为小家电中发展较早的产品之一,电饭煲行业早已发展到成熟阶段。虽然如今的电饭煲功能很多,但最核心的功能仍然是煮饭。比起电压力锅,电饭煲煮饭的时间长,能锁住水分,所以煮出来的米饭更香更软。此外,由于电饭煲的技术比较成熟,还兼具若干蒸煮功能,如做玄米饭、杂粮饭,甚至蛋糕、寿司等。所以,对米饭质量有较高要求的消费者,应首选电饭煲。

盘点身边哪些电器辐射较强

辐射是人类健康的隐形杀手。在现代生活中,辐射源几乎潜伏在身边的每一个角落。居家日常使用的一些电器是最常见的辐射源,下面是五类辐射较强的家用电器,正确使用可尽量避免这些电器辐射带来的健康隐患。

鱼缸水泵：辐射达国标一半

将检测辐射值的仪器靠近离鱼缸水泵最近的鱼缸玻璃，检测到的磁场强度最高值为50微特，达到国家安全标准的一半。而将检测仪器离开鱼缸五六厘米远，辐射瞬间降至1微特以下。因此，没必要为鱼缸水泵的辐射担心，除非整天头贴着鱼缸赏鱼。

无绳电话：离5厘米就没事

无绳电话用仪器检测到的功率密度最大值为15微瓦/平方厘米。当检测仪器离至5～10厘米时，数据跌落到1微瓦/平方厘米以下。目前，国家标准是40微瓦/平方厘米。

微波炉：工作时远离即可

很多人都会担心微波炉泄露造成辐射。仪器在检测时紧挨微波炉门边，检测到的数据为5～10微瓦/平方厘米；当仪器距门10厘米时，检测到的数据是1～2微瓦/平方厘米。高频电器的国家标准是40微瓦/平方厘米，微波炉的最大的检测结果仅在国家标准的1/8至1/4之间。微波炉辐射只有在其工作时才会泄露，因此，在微波炉工作时远离它就可以免受其害了。

电脑主机：磁场危害被夸大

很多人担心电脑主机辐射对人体健康有危害，尤其是怀孕的妇女，更是远离电脑。检测辐射时仪器紧挨机箱，其磁场强度仅为1～2微特。人们之所以担心其辐射，主要是由于心理恐惧，也因为有些商家为了推销自己的产品，刻意夸大了电磁场对人体的伤害。

手机：辐射最强

检测时，仪器紧贴手机，从拨号开始直到挂机结束。检测到的功率密度最大值为400～800微瓦/平方厘米，检测到的最小值为3～5微瓦/平方厘米。目前我国暂时没有手机辐射标准。在所有检测的物品中，手机辐射最大。建议人们可以使用耳机接打电话，在手机信号不好时别打或少打电话。

防辐射，我们该吃点什么

在日常生活中，多吃胡萝卜、豆芽、西红柿、瘦肉等可以对抗射线对人体健康的影响。多食动物肝脏等富含维生素A、维生素C和蛋白质的食物，经常喝些绿茶等。

脂类含量不宜高 由于人体受辐射后会食欲不振、口味不佳，脂肪的总供给量要适当减少，但需增加植物油所占的比重，其中油酸可提高造血系统再生功能，防治辐射损伤效果最好。

蛋白质要有质量 要求摄入的蛋白质品质优秀，数量充足，以减轻放射损伤，促进机体恢复健康。

无机盐供应宜加量 在膳食中适量增加无机盐(主要是食盐)，可促使人饮水量增加，加速放射性核素随尿液、粪便排出，从而减轻辐射损伤。

维生素供给要确保 增加维生素供给对防治辐射损伤及伤后恢复均有效。如维生素K可减少出血，维生素B可减轻呕吐、恶心，维生素C使血细胞再生加速等。为此宜多吃海带、卷心菜、胡萝卜、蜂蜜、枸杞等食物。

安全使用取暖家电——浴霸

冬天里，不少家庭在家沐浴使用浴霸，作为取暖家电，浴霸如果使用方法不正确，会给健康带来伤害。下面提醒您要避免的四个误区：

浴霸离头顶不到40厘米

有不少家庭在装修卫生间时，为了美观将顶吊得很低，殊不知给安装浴霸留下了隐患。因为浴霸在使用时必须距离人头顶40厘米以上，才是安全的。

使用时间过长

在距人头顶40厘米以内的浴霸正下方，站立1小时及以上，绝对会被强光辐射所伤害。建议浴霸不要安装在洗澡站立位置的正上方，可以稍微偏斜些，同时在浴霸下洗澡，将时间控制在40分钟之内。

“厕上”阅读时长时间取暖

不少人有边上厕所边看报纸的习惯，冬季天气寒冷，“厕上”也会打开浴霸取暖。在浴霸的强光下看报纸，会干扰人大脑的中枢神经，很容易引起视力疲劳。当照明的亮度过高时，对人的眼睛张力有很强的刺激，对视力的损伤尤为厉害。

让幼儿仰面洗澡，强光刺激眼睛

家长在给幼儿洗澡时，为了怕孩子冻着，把浴盆直接放在浴霸的正下方，让孩子仰面躺在浴盆里，这样的举动可是万万要不得的。浴霸的强光会刺激婴幼儿的眼睛，影响其视觉功能，对婴幼儿娇嫩的皮肤也不好。正确的方法是：浴盆离浴霸远一些，家长侧着身体，帮孩子挡住浴霸的强光。另外，患有过敏性皮炎、荨麻疹等皮肤病的病人也要少用浴霸。

安全使用电热毯

以下几类人群在冬季须慎用电热毯：

呼吸道疾病患者

凡患有气管炎、支气管炎、肺气肿和哮喘等疾病者，在冬季不能过多使用电热毯，若经常使用电热毯，易引起咽干喉痛，声音嘶哑，咳嗽不止，以致加剧病情。

心脑血管疾病患者

患有高血压、动脉硬化、高血糖、冠心病和脑血栓等疾病者，因电热毯是机械性升温，长时间使用可破坏人体平衡机制，促使血压升高，易使心肌缺血和中风发作，也不宜使用。出血性疾病患者使用电热毯可使血液循环加快，血管扩张，从而加剧出血，故各种出血性疾病患者也要慎用。

过敏性体质者

凡患有口腔炎、慢性咽炎、喉炎、口腔溃疡以及皮肤瘙痒、皮疹等疾病者，不宜使用电热毯。

新生儿、婴幼儿

新生儿、婴幼儿体温调节能力差，电热毯易产生较高温度，使用后新生儿、婴幼儿有可能因失水而导致脱水热等，严重时可危及生命。

育龄男性

由于电热毯产生的高温会影响睾丸产生精子的能力，因此想优生优育的新婚夫妇不宜使用。

孕　妇

电热毯通电后会产生磁场，会通过母体直接影响胎儿的正常发育，严重者可导致流产或胎儿畸形。

电热毯使用须知：

1. 在使用电热毯前，要仔细阅读说明书，使用时要将电热毯铺平，绝对不能卷曲或折叠通电。铺电热毯时，应在床上先铺一条软垫，之后再铺上电热毯。

2. 电热毯一次使用时间不能过长，最好不要通电过夜，一则浪费能源，二则易产生灼热感。

3. 注意电热毯不要被尖利器械损伤，不要过分用力拉引出线。使用中如发现指示灯一明一灭,说明可能要发生断丝现象,应及时修复。

4. 电热毯用脏后,可将其平摊在桌上,用刷子蘸取少量洗洁精轻轻擦洗。擦洗干净后放通风处晾干。

5. 使用电热毯时要注意防潮,特别要防止小孩或病人尿床。

6. 电热毯的控温开关一般由塑料制成,经过数年频繁开关后,触点周围的塑料会渐渐碳化,塑料盒开关就可能发热从而引发火灾。电热毯中的电热丝经过数年高温使用,绝缘程度也会降低。因此,电热毯使用年限不应超过5年,绝不能超期服役。平时还应注意经常检查开关、线路是否老化、破损。

我们身边的天然按摩器

木梳——头部按摩器

头痛、偏头痛、三叉神经痛或神经衰弱的人,清晨用木梳背由前额经头顶至后颈、自中间向两边轻轻叩打头皮3~5分钟,继而用梳齿以适当的力度、同样的顺序反复梳头,每次5~10分钟,对病症有缓解作用。

硬币——背部刮痧器

感冒初期,颈、腰部疼痛的人,先在背部涂抹少许食用油,或用温水作为润滑剂,用一枚清洁的硬币沿脊柱正中、脊柱两侧各两条侧线的顺序由上到下进行刮拭,至出痧为止。

热水袋、吹风机——热敷

用热水袋外敷,或用吹风机的热风吹身体某个部位,可使局部血管扩张,促使局部和周身的血液循环,加速新陈代谢,对因受寒引起的胃痛、关节疼痛等都可起到缓解作用,还能加强按摩效果。

核桃——手部按摩器

手掌和脚底一样，都有人体器官的反射区，握上两个核桃，通过挤压、摩擦，可以充分调动所有手部骨骼、关节，通过刺激按摩手部穴位相关的病理反射点，使内脏不断受到良性刺激，逐渐强化其功能，还可增强末梢血管的舒缩能力。此法对常常感到手部冰凉、麻木的人及老年人非常适宜。

擀面杖——痛点按摩器

工作劳累了一天后，人们免不了这里酸那里疼，这时，可以拿一根小擀面杖，手持一端，用另一端对着不舒服的地方进行点、按、压按摩，然后对着局部酸疼的肌肉轻轻叩击，能明显缓解不适感。

米粒——耳穴按摩器

如果常感到眼睛酸困不适，可用一小片胶布将米粒贴在耳垂中央的“眼”穴。建议每晚先用米粒按摩“眼”穴2～3分钟后，再用胶布贴敷固定，次日上班前重复按摩后取下即可。

圆珠笔——点按足三里

强身健体、延缓衰老，足三里可谓是最著名的保健要穴。每天抽空用圆珠笔笔杆的钝头部位按压足三里2～3分钟，会有意想不到的收获。

家用清洁剂可找环保“替身”

现代生活,似乎越来越离不开各种清洁产品:三餐后,要用洗洁精洗锅碗瓢盆;平时要用洗衣粉、洗衣液洗涤衣物;抽油烟机脏了要用油污净擦拭;抽水马桶脏了用洁厕灵冲刷。这些化学产品多用会刺激皮肤,引起瘙痒,有些残留物进入体内对健康不利。善于利用身边的日常用品,用好了同样有很好的清洁效果。

酒精——万能清道夫

家里可常备一瓶75%浓度的医用酒精。电脑键盘、屏幕脏了,喷一下,再用绒布轻轻一擦,既干净又能消毒。家里的门把手、垃圾桶、切菜板、电灯开关、手机、隐形眼镜盒甚至马桶盖等,经常喷一喷,均可以起到杀菌消毒的作用。

外出游玩时,带点酒精棉球,吃饭时用来擦手,消毒餐具,比用水洗还干净。

家中微波炉、冰箱、烤箱、电饭锅内沿脏了,拿酒精棉球擦拭,比用洗涤剂环保,还可节约用水。

小苏打——去污渍高手

1. 自制小苏打清洁剂。配方:1 小杯氨水、1 小杯小苏打、约 3.8 升水,将这些材料彻底混合,可用来清洁墙壁和其他涂刷过的物体表面。使用时用海绵蘸取,轻轻拭去污痕即可,无需冲洗。清洁时注意保持通风,一定要戴橡胶手套,保护双手不受氨水侵蚀。

2. 清洁不锈钢材质的物品时,可将小苏打直接洒到不锈钢表面上,然后用湿海绵擦拭。

3. 在进行卫生间日常清洁时,用湿海绵蘸自制的小苏打清洁剂,清除浴缸和淋浴器上的霉渍,能收到奇效。不用费多大力气就可以让卫生间气味清新,器具亮泽如新。

食醋——调味品中的清洁高手

1. 去陶瓷器皿污渍。将醋与盐混合，可以去除陶瓷器皿上的污渍。

2. 去油漆污渍。如果有油漆的污迹沾在门上、地上，可试试用热醋擦除。

3. 去沥青。手脚等部位若沾黏上沥青，可先用醋擦拭，再以肥皂、温水洗净。

4. 去味。切洗葱蒜或洋葱后，刺鼻的味道会留在手上，久久不去，这时沾一点醋即可去除。

装盛饭菜最好使用纯色碗盘

如果要给琳琅满目的餐具排个安全卫生名次，荣登榜首的必然是里外纯白的；其次是纯彩色餐具，前两种最为保险；第三是只有外面带图案，里面是纯色的；第四是里外都有图案的。不合格的餐具，在一定程度上会对健康造成一定威胁。

陶瓷的装饰一般分为釉下彩、釉中彩和釉上彩。釉下彩和釉中彩不会有有害物质溶出，釉上彩则是把无机颜料制成的花纸，贴在釉面上或直接以颜料绘于产品表面，再经高温烤烧而成。如果烧烤温度不够或时间过短，花面不能很好渗入釉中，这种图案接触到酸、碱性偏高的食物，会析出铅、镉元素，危害健康。这种不合格的釉上彩餐具的画面较粗糙，看起来没光泽，就像浮在器皿表面一样。

长期使用不合格的釉上彩图案餐具，虽然不会当场致命，但微量的有害物质会慢慢累积，对人们尤其是青少年的智力和性格等有一定影响。因此，为保险起见，建议给婴幼儿选碗盘时，尽量少挑带图案的。

那么如何挑选优质陶瓷呢？这里介绍几种方法：

1. 摸。合格的陶瓷品花面一般摸起来表面平整光滑；花面粗糙不光滑的，则是烧制的温度和时间不够，“没有烧熟”。

2. 看。合格的陶瓷品图案看上去光亮润泽。

3. 弹。用手指轻轻一弹，应该发出类似金属的清脆声音；反之，声音沉闷并沙沙作响的，则说明烧制的火候不够，甚至是瓷器内部有暗裂。

4. 摞。把几个碗或盘子摞在一起，如果摞不稳或明显有不规整情况的就可能是不合格品。

5. 扣。把碗或盘翻过来扣在平整的玻璃或平板上，按其中一边，另一边不翘起的应为合格品。

6. 比。合格的陶瓷品应该没有明显的色差现象。

生活用纸大有门道

生活用纸是老百姓必备的日常消费品，选购时不仅要比较产品的价格、数量，更要比较产品的质量和卫生标准，以及严格区别卫生纸和纸巾纸的使用用途，否则对身体健康将会产生不利影响。但是，面对市场上品种繁多、良莠不齐的卫生纸和纸巾，普通消费者还缺乏一些必要的选购常识，甚至经常出现卫生纸和纸巾相互替代使用的现象。

目前在国内市场上的生活用纸，主要原料是植物性纤维，纤维品质可大致分为100%原生木浆、混浆和废纸浆三大类，其中又以100%原生木浆为原料的生活用纸，品质要优于其他原料的产品。安全可靠、品高质优的生活用纸是对每一位消费者身体健康的尊重和保护，而现在市场上却有一些卫生纸和餐巾纸生产企业，不按国家标准执行，使用劣质回收纸等原料加工制造生活用纸，违规添加荧光剂提高增白度，如果消费者使用这些不合格产品，具有致病成分的荧光剂长期与皮肤接触，必然会影响消费者的身体健康。

消费者应该去正规商场或超市购买，因为那里的商品通常有正规的进货渠道，产品质量有保证。此外，正规商场里商品摆放以及存放环境的卫生条件比较让人放心，还会使纸张受到二次污染。

卫生纸越白越亮越卫生吗

纸的光洁度与卫生程度没有关系。纸张漂白的成本是很高的，但与卫生指标也扯不上关系。一般来说，卫生纸只要达到卫生指标就可以了，没必要强调白、强调光洁度。

卫生纸、纸巾可互相替代吗

卫生纸与纸巾有着根本的区别，两者的生产工艺、质量和卫生标准都是不一样的，不能互相替代，尤其不能用劣质的卫生纸代替纸巾，用来包装食品和点心，或是擦嘴。但是在厕所里，还是用卫生纸好，一是卫生纸较纸巾价格实惠，二是纸巾的湿强度高于卫生纸，容易造成抽水马桶堵塞。

消毒纸巾具有消毒作用吗

现在有很多人倾向于购买消毒湿巾或是消毒纸巾，仿佛单看“消毒”两字，心里就像吃了定心丸。而实际上，消毒纸巾还没有统一的质量标准，大多是厂家自己制订的。另外，消毒纸巾很容易带菌：湿巾一般都是用无纺布做的，有大量纤维，可以提供细菌生长所需营养；湿巾里含有液体，含消毒液，也容易滋生细菌，有些湿巾含菌的比例还要高于干的纸巾。

如何挑选卫生纸

1. 看产品包装：是否标明卫生许可证号及生产厂家的厂址、邮政编码、联系电话，有无执行标准等。

2. 看色泽：纯木浆应无任何添加剂，颜色为自然的象牙白，纹理相对均匀。

3. 看耐力强度：纯木浆纸纤维长，拉力大，韧性好，不易断；质量差的劣质纸有不规则的小洞，还会掉粉。

4. 看火烧的结果：好的卫生纸燃烧后灰烬呈白灰状；劣质卫生纸燃烧后呈黑灰色状。

现代家庭容易忽视的卫生死角

冰 箱

一般的细菌多在室温环境下生长繁殖，低温环境中生长繁殖较为缓慢或停止生长。而耶尔森氏菌却恰恰相反，不但不怕低温寒冷，而且只有在0℃左右才大量繁殖。冰箱里贮存的食物可使耶尔森氏菌处于最佳生长繁殖状态，因此从冰箱中取出的食物须加热后方可食用，否则易出现腹泻、恶心呕吐、发热等症状，导致耶尔森氏结肠炎的发生。

洗衣机

医学试验证明，很多细菌、寄生虫不但水淹不死、日晒难灭，而且就连洗衣粉、漂白粉也对它们无可奈何，常见的有病毒性肝炎、伤寒、痢疾、滴虫，由真菌引起的皮肤病（如汗斑、体癣）等，都能通过衣物而引起感染。因此，使用洗衣机时要注意，不能将多人衣服混在一起洗，特别是要与病人（尤其是传染性皮肤病和消化道疾病病人）的衣服分开洗，否则会传染各种疾病。

地 毯

房间铺上地毯后，有一种比细菌稍大的叫蜱螨的微生物可大量在地毯上繁殖，它们常在地毯表面或接近地面的空间活动，专靠吃人们皮肤落下来的上皮细胞等维持生命，一旦接触人体就会乘机侵入肺部和支气管，危害人体健康，孩童常常在地毯上玩耍更易患病，所以地毯应勤加清洗。

扫　帚

扫帚从客厅扫到卧室、厨房，再扫到家中的角角落落，甚至还会清扫孩童、宠物、家禽的粪便。殊不知混用后的扫帚，表面上打扫得干干净净，却四处播下了细菌的种子。所以扫帚应专用，用后要及时洗净、晒干。

牙　刷

牙刷一般在使用一个月后，上面就会生长繁殖大量的细菌，其中有许多种致病菌，如白色念珠菌、溶血性链球菌、肺炎球菌等，这些细菌通过口腔侵入消化道和呼吸道，引起肠炎和肺部感染等症，还可通过口腔黏膜破损处进入血液，引起败血症和组织脓肿。正确使用牙刷的方法是：刷牙后将牙刷同口缸放在阳光下曝晒；置放牙刷时把刷毛的一头朝上，有利于干燥牙刷；每月更换一把牙刷，平时配备两把牙刷交替使用。

抹　布

抹布用得越久细菌越多，以沙门氏菌、大肠杆菌、葡萄球菌、霉菌等为最多。而以洗碗抹布为细菌传播媒介导致的传染病占疾病发生率的30%。因此，餐具冲洗干净后不必再用抹布去抹，另外要及时更换和消毒抹布。

菜篮子

很多主妇在买菜时会将生、熟食物放在同一只菜篮子里，殊不知蔬菜、鱼、肉上的细菌和寄生虫卵很多，这样会造成生、熟食物的交叉污染。因此，生、熟食物应分开放置，菜篮子要勤清洗，在阳光下暴晒消毒。

切菜板

每平方厘米的切菜板上有葡萄球菌200多万个，大肠杆菌400多万个，以及其他多种细菌。另外，切菜板引起生、熟食物交叉污染也是发生食物中毒的主要原因之一。因此生、熟切菜板要分开，并注意保持切菜板卫生。

根据阳台方位选择花卉

不同方位的阳台环境条件不同，尤其是光照条件不同，必须选择相对应的植物。

南面阳台

南面阳台一年四季阳光最充足，每天至少有6小时的太阳光直接照射到。可以种植的花卉主要是阳性花卉以及耐光照的花卉，常见的有石榴、月季、菊花、石竹、四季橘、紫罗兰、一串红、太阳花、长春花、杜鹃、观赏辣椒、观赏小番茄、马樱丹、细叶萼距花、千日红、变叶木、鸡冠花、橡胶榕、山海带、苏铁、彩叶草、银叶菊、旱金莲、大丽花、荷花、睡莲、仙人掌类与多肉植物等。

东面阳台

东面阳台只在上午有约4小时的日照，阳光的强度不是太强，因此适宜种植的花卉主要是耐阴花卉以及部分需要相对较强光线的阴性花卉，如非洲凤仙花、几内亚凤仙花、四季海棠、蝴蝶兰、中国兰花、观赏凤梨、马蹄莲、红掌、蟹爪兰、大岩桐、非洲紫罗兰、长寿花、虎尾兰、君子兰、山茶、倒挂金钟等。

西面阳台

西面阳台只有下午可以照射到阳光，但在夏季，西晒特别强烈，同时带来很高的温度，所以一般适合种植那些能够耐强光、高温和干旱的花卉，主要以仙人掌类与多肉植物为主，此外还有太阳花、杜鹃、长春花、变叶木、千日红、荷花、睡莲等。

北面阳台

北面阳台通常没有阳光直接照射，只有明亮的散射光，所以一般只有阴性花卉和耐阴花卉才适宜种植，如吊兰、凤梨类、竹芋类、万年青类、绿萝、文竹、天门冬、吊竹梅、鸭跖草、龟背竹、棕榈科植物等。

室内空气卫士——花卉

牵牛花

监视氨气 城市居民的居室中的氨气大多来源于道路或楼宇在冬季施工时水泥中所加混凝土、防冻尿素等。人体长期吸入低浓度氨气，将减弱人体对疾病的抵抗力，肝和肺都有慢性中毒的可能。在室内，氨气浓度为 17 微克时，只需 4 小时，牵牛花的叶片两面就会变白，叶缘部分出现黑斑及紫色条纹。

秋海棠

监视二氧化碳 室内二氧化碳超标时，秋海棠、紫苑、美人蕉、矢车菊、彩叶草、非洲菊、万寿菊等就会发生急性症状，叶片呈暗绿色水渍状斑点，干后呈现灰白色，叶脉间有不定型斑点，褪绿，黄化。

报春花

监视过氧化酰基硝酸酯 过氧化酰基硝酸酯会刺激眼睛和呼吸道黏膜，引起眼部不适和喉炎。过氧化酰基硝酸酯会使报春花、香石竹、大丽菊、小苍兰、凤仙草、一品红、金鱼草、蔷薇等幼叶背面出现古铜色，好像上了层釉一样，叶片生长异常，向下方弯曲，上部叶片的尖端枯死，枯死部位呈白色或黄褐色。

郁金香

监视氟化氢 当室内的氟化氢超标时，郁金香、唐菖蒲、仙客来、风信子、萱草、杜鹃、鸢尾等花卉会表现为叶片尖端发焦，接着边缘部分枯死，叶落，叶片褪绿，部分变成褐色或黄褐色。

百日草

监视硫化氢 卫生间里下水道散发出的难闻异味就是硫化氢的味道。当室内硫化氢超标时,百日草、郁金香、秋海棠、蔷薇、枫叶等植物的叶脉间会出现白色或黄色斑点,并逐渐落叶。

矮牵牛

监视二氧化氮 在二氧化氮超标环境中,矮牵牛、杜鹃、扶桑、荷兰鸢尾等植物中部的叶脉间会出现白色或褐色不定型斑点,并提早落叶。

科学选择浇花水

俗话说得好,种植花草,"活不活看水,长不长在肥"。由此可见,选择好浇花水是成功养花环节里很关键的一步。

选用中性水质的水

中性水中,雨水、融化后的雪水、未被污染的河水用来浇花是最好的。

自来水中含有氯气,不能直接用来浇花。正确的方法是先用水桶或者其他容器"困"几天自来水,或者在阳光下晒两三天后,再用来浇花。

井水一般是硬水,用久了易使土壤碱化,用这样的水长期浇花,会造成喜酸性花木的黄化、枯死。可将硬水调整至弱酸性,如用硼酸或者食醋、维生素C片等加入水中即可;或可将淘米水沤熟之后兑入水中使用。

选用常温水

从水温的角度来看,跟花盆土温接近的水更适合浇花。如同人类一样,花草也不能经受骤冷骤热的考验,否则很容易患上"感冒"。一般而言,水与土壤的温差最好不要超过5摄氏度。所以在夏天,正午时分浇花也是错误的选择,应当选择在早晚时分。

老人年前做家务　当心三意外

新春佳节来临时，家家户户都有搞卫生的习惯，干干净净过春节。但是，搞家庭卫生也有能力所及等问题，特别是退休在家的老人，为了照顾忙碌上班的子女，凡事都想要自己动手，反而容易出现一些问题，需要引起大家的注意。

打扫时勿蹲低爬高

很多老年人为了儿女回家过年能有一个舒适的环境，不顾自己健康，洗窗帘、洗被子、打扫厨房……平时不打扫的地方全打扫一遍。无法避免的蹲低爬高，特别是老年人独自在家打扫时，出意外的可能性最大。

如何避免　老年人可以把家务活分类安排，不要集中在一天内做完。有些蹲低爬高的活就让年轻人来做，实在自己要做，也应在家人的保护下进行，尽量选择结实的梯子爬高，不要踩在桌角或小凳子上。

量力而行购年货

有些老年人在过年前要准备大量的年货，去超市购物往往是肩背手提，买个满满当当，米、面、油……一个比一个重。如此一来，胳膊、手腕、腰、肩等处就容易引发拉伤、挫伤等疾病。

如何避免　老年人一次最好不要买太多东西。提重物时，两只手要平均分配重量，保持平衡。太重的年货就别硬逞能拎回家，以免闪着腰。

出现烧烫伤

许多老年人为了儿孙回来能享口福，节日期间密集进行烧、烤、煎、炸等操作，忙起来一不小心很容易切伤手指或被烫伤。

如何避免　提前准备好胶布和烫伤药。另外要注意，不要同时进行两项以上的烹饪操作，以免忙中出意外。

专家提醒 老年人是压缩性骨折高发人群，大多数老年人骨质比较疏松，易发生骨折。建议老年人年前在家做家务要量力而为，不要逞强。一旦感觉不适或意外骨折，视病情而定，迅速平躺到硬板床上，不要随便翻动身体。忌躺软床，因为柔软的床垫会导致髋部和脊柱受力不均匀，引发二次伤害。要立刻就医，切忌拖延。

过年，请呵护好孩子

春节期间，家长往往忙于接待亲朋好友而疏于对孩子的安全看护，加上儿童活泼好动且自我保护能力较差，因此成为儿童意外事故的高发期。专家提醒家长，过年要避免以下安全“杀手”。

鞭炮炸伤

不要让年龄小的儿童单独燃放烟花爆竹。孩子一旦被炸伤，应立即送医院，千万不要用手揉擦和用水冲洗眼睛。如手足等部位被炸伤出血，则应迅速卡住出血部位的上方止血，迅速送医院。

饮食安全

不要给3岁以下的孩子吃糖果、花生之类的食品；不要让孩子在吃东西时说话、嬉笑；吃果冻时最好切成小块后用勺吃，不要吸食；不要让孩子将小玩具等物品含在口中玩，防止不小心吸入。一旦异物吸入气管，可倒转儿童身体，使其头朝下，拍击其背部，助其咳出异物，若无效须迅速送医院。

乘车安全

12岁以下的儿童在乘坐小轿车时应使用儿童安全座椅，坐在后排座位上；上下车时不要让孩子自己开关车门，以免夹伤手指；汽车行驶中要锁好车门，不要让孩子把头探出窗外；停车后不要一直开着暖气或冷气，把孩子一个人留在车内，这样极易造成一氧化碳中毒。

宠物咬伤

走亲访友时不要让孩子主动去逗玩宠物。如果孩子被宠物抓伤或者咬伤,应马上将伤口残留的血液挤出并消毒伤口,简单包扎后就医并注射疫苗。

烧伤烫伤

厨房是儿童烧烫伤的多发地,应注意:煤气不用时,应关上总闸;刚烧好饭菜的锅、盘等,避免让儿童去接触;外出聚餐吃火锅时也要看护好儿童。

健康美丽话常识

立春，养生第一季

春季养生，以养肝护肝为先

传统中医学认为：肝脏与草木相似，草木在春季萌发生长，肝脏在春季时功能也更活跃。因此，初春养生应以养肝护肝为先。

多喝水，防止毒素损害肝脏

初春寒冷、干燥，易缺水，多喝水可补充体液，增强血液循环，促进新陈代谢，多喝水还可促进腺体，尤其是消化腺和胰液、胆汁的分泌，以利消化、吸收和废物的排除，减少代谢产物和毒素对肝脏的损害。

饮食平衡，保障肝脏功能正常

春季不要暴饮暴食或常挨饿，这种饥饱不匀的饮食习惯，会引起消化液分泌异常，导致肝脏功能的失调。所以，春季饮食要保持均衡，食物中的蛋白质、碳水化合物、脂肪、维生素、矿物质等要保持相应的比例；保持五味不偏；尽量少吃辛辣食品，多吃新鲜蔬菜、水果等。

少饮酒，利于肝脏阳气升发

医学研究表明，体重60公斤的健康成年人，每天只能代谢60克酒精，若超过限量，就会影响肝脏健康，甚至造成酒精中毒，危及生命。

乐观开朗，肝气顺调心情舒畅

乐观使人健康。肝喜疏恶郁，故生气发怒易导致肝脏气血淤滞不畅而成疾。所以要想肝脏强健，首先要学会制怒，即使生气也不要超过3分钟。

春季起居，决战春困有秘籍

一进入春天，人就特别容易犯困，睡觉睡不醒，工作也没精神，老人说这叫“春困”。到底为什么会出现春困？我们怎么做才能远离它呢？

绝招一：活动肢体 当困意袭来时，可以暂时放下手头的工作，起身活动一下肢体，因为长时间保持某种姿势，会使循环血量减少，使大脑及内脏器官的功能受到限制，从而产生疲劳。适时的活动可以舒筋活血，通利关节，使大脑兴奋起来。

绝招二：视觉刺激 走出室外，到郊外、湖畔、山巅，举目眺望。如果长期待在室内，也可在室内添置一些色彩艳丽并富有生机的饰物以及花草；良好的视觉刺激，也有利于消除春困。

绝招三：触觉刺激 困倦思睡时，用具有芳香气味的牙膏刷牙漱口，并用冷水洗脸，提高机体神经系统的兴奋度，从而达到消解春困的目的。

绝招四：味觉刺激 瞌睡时吃点苦酸麻辣的食品，亦可泡杯浓茶或咖啡，以解困意。

绝招五：听觉刺激 困倦时，常听些曲调优美明快、有激励振奋人心作用的音乐或歌曲，以愉悦身心。或者欣赏一些相声、小品、笑话及喜剧影视，在获得欢笑的同时，兴奋神经，驱除困意。

绝招六：嗅觉刺激 困倦时，可闻闻风油精、清凉油、花露水以及点燃的卫生香的味道，以驱除困意，振作精神。如果能因地制宜，在居室、阳台或庭院中种养一些有芳香味又可提神的时令花草，对缓解乏意也有益处。

春季踏青·小心·提防“两把刀”

第一把刀——花粉 有些植物的花粉一旦随风“吻”上旅游者的脸，转而通过呼吸道进入人体，旅游者立马从眼角、鼻子到全身都能“痒”出一个个喷嚏来，一次旅游可能导致一次感冒。

第二把刀——面瘫 春天是面瘫易发的季节，旅游者长期出门在外，脸部暴露在风中，极易被风寒所侵，致使全身经络阻滞，终至眼斜口歪。

尽管春风常常是暗藏杀机，可若是旅游者早做防范，与那些“婀娜多姿，随风而飘”的花朵儿保持眼看手不动的距离，一改动不动就“迎风而立，逆风飞扬”的站姿，那妩媚的春风也就不再是一把又一把“剪刀”了。

春季健身坚持锻炼六不宜

锻炼不宜骤然进行　锻炼前应先做些简单的四肢运动，以防韧带和肌肉扭伤。

雾天不宜进行锻炼：雾珠中含有大量的尘埃、病原微生物等有害物质，锻炼时由于呼吸量增加，肺内势必会吸进更多的有害物质。

锻炼时不宜用嘴呼吸　锻炼应养成用鼻子呼吸的习惯，因鼻腔里有很多鼻毛，它能滤清空气，使气管和肺部不受尘埃、病菌的侵害。

锻炼时不宜忽视保暖　开始锻炼时不应立即脱掉外衣，等身体微热后再逐渐减衣，锻炼结束时，应擦净身上的汗液，立即穿上衣服，以防着凉。

不宜空腹进行锻炼　清晨除了血糖偏低外，人体血液黏滞，加上气温低、血管收缩等因素，若空腹锻炼可能使人因低血糖和心脏疾病而猝死。

不宜早起外出锻炼　清晨空气并不新鲜，只有下午4时左右的空气才富含氧气负离子，传统的“闻鸡起舞”的观念应予以更新。

初夏保健，养生给您提个醒

进入初夏时节，人体新陈代谢加快，心脑血液供给不足，常使人烦躁不安，倦怠懒散。此外，夏天气温高，能量消耗大，营养物质随汗液流失多，体质虚弱者尤其是儿童和老人，如稍不注意，就有可能感染疾病，损害健康。夏季保健与健康的关系极为密切，因此，从初夏开始，我们就应合理安排作息时间，及时补充营养物质，采取正确的养生保健方法，以便更好地度过夏天。

小心脾胃受损

很多人在夏天容易出现各种各样的胃肠问题，其中的原因，一方面是由于入夏后人体胃口自然变差，消化功能受到天气影响；另一方面，由于天气炎热，人们贪凉嗜好冰寒的食物，刺激肠胃，使胃受到强烈的低温刺激后，血管骤然收缩，血流量减少，从而影响胃肠道消化液的分泌，导致生理功能失调。很多老人、儿童以及消化功能不良者就往往在夏季出现腹部疼痛、胃炎等情况。

夏季养护脾胃，最好能多进稀食，吃粥喝汤，既能生津止渴、清凉解暑，又能补养身体。此外，多吃新鲜蔬菜水果能补充足够的维生素、水和无机盐。在夏令食物中，清热利湿的食物有西瓜、苦瓜、桃、乌梅、草莓、西红柿、黄瓜、绿豆等，这些都有一定的消暑作用。而从冰箱里取出来的食物，最好不要急着吃，应在常温下放一会儿再吃，且一次不要吃得太多，特别是老年人、儿童及有慢性胃炎、消化不良的人更应少吃或不吃。

预防皮肤病

立夏过后的节气为小满，这是皮肤病高发的节气。原因是小满节气后，气温明显增高，雨量也会增多。闷热的初夏天气潮湿，就为皮肤病发作提供了条件。所以立夏结束，离小满还有一段时间，要为预防皮肤病先做一些准备。

小满节气前后的皮肤病以“风疹”为多，其病因病机包括湿郁肌肤、肠胃积热等，所以在这一时期皮肤病的治疗上，要以疏风祛湿、清泻血热为原则。清爽清淡的素食有利于预防这类皮肤病的发生，尤其是有清利湿热作用的食物，如绿豆、冬瓜、黄瓜、马蹄、木耳、胡萝卜、西红柿、西瓜、山药、鲫鱼、草鱼等。辛辣的食物应该相应减少，如生葱、生蒜、生姜、芥末、胡椒、辣椒、茴香、桂皮等。

多喝水，少喝饮料

初夏天气比较干燥，人体每天的进水量应达到2000～2400毫升。由于早上人体血液浓度非常高，容易形成血栓，所以早上起床后第一件事是应该喝一杯水。一天中水分的补充和保持也是很重要的，保持体内有足够的水分，可以清洗肠道，预防上火。同时，不宜用饮料代替水，汽水、果汁、可乐等饮料中，含有较多的糖精及电解质，这些物质会对胃产生不良刺激，影响胃肠消化和食欲。

保证睡眠充足

夏季日长夜短，气温高，人体新陈代谢旺盛，消耗也大，容易疲劳。因此，夏季保持充足的睡眠对于促进身体健康，提高工作、学习效率具有重要的意义。为了保证充足的睡眠，首先应做到起居有律；其次应注意卧室通风、凉爽；第三要保持平静的心境，力求“心静自然凉”；第四要有适当的午睡时间，夏季午睡可使大脑和身体各系统都得到放松，有利于下午的工作和学习，也是预防中暑的有力措施。

少洗冷水澡

很多人爱在夏季冲冷水澡，殊不知，由于人体在阳光下吸收了大量的热，洗冷水澡会使全身毛孔迅速闭合，导致热量不能散发而滞留体内，引起高热，还会因脑部毛细血管迅速收缩而引起供血不足，头晕目眩，重则还可引起休克。因此，最好的办法是先让自己出汗，带走身上大量的热，然后再洗澡。

饮食要合理

夏季饮食宜清淡，但也不能拒绝荤菜。由于夏季人的胃酸分泌减少，加之饮水较多，冲淡胃酸，导致机体消化功能较弱，故饮食应清淡一些。应多吃营养丰富、气味清淡之品，忌食油腻、煎炸及热性的食物。但是，清淡不等于素食，素菜中虽然含有大量的膳食纤维及丰富的维生素，但缺乏人体必需的蛋白质。所以，即使在炎炎夏日也不要拒绝荤菜，可适当摄入一些瘦肉、蛋、奶、鱼以及豆制品，关键是在烹调时多用清蒸、凉拌等方法，不要做得过于油腻。可取鲜嫩碧绿的荷叶，用开水略烫后，用来包鸡、包肉，蒸后食用，风味别致、清香可口，有增进食欲之效。

苦味宜多食

中医认为,凡有苦味的蔬菜,大多具有清热的作用。因此,夏天常食苦瓜汤或苦瓜菜肴,能调和脾胃,消除疲劳,醒脑提神,对中暑、胃肠道疾病有一定的预防作用。

苦菜,也是一味药食同源的蔬菜,具有清凉解毒、消毒排脓、去瘀止痛、防治胃肠炎等功能。食用苦菜时,将它的根、叶洗净,可拌可炒可做汤,味道苦中带香,是解暑开胃的佳肴,而且对肠炎、痢疾等有一定的防治作用。

夏季出汗较多,不妨喝点带苦味的饮料,啤酒、绿茶、苦丁茶等都是不错的选择。

教您几招轻松度苦夏的方法

夏季来临,不妨提早启动夏天"模式",学会以下几招就能轻松过苦夏。

让身体出出汗 夏季一天当中最热的时间是上午11点到下午2点。这个时间段可以到户外走一会儿,能帮助自律神经进行体温调节,随着气温逐渐上升,身体也能渐渐适应屋外的热度。现在不少人耐热、耐寒性极差,所以要适当进行锻炼。

不要长时间待在空调室内 现在有了空调,很多人连出汗的机会都没有了。但长时间吹空调,很容易患上自律神经失调症,其症状是腰脚冰冷、头痛、浑身没力气等。因此,要适时到户外走一走,不能长时间待在室内。

控制甜饮 甜饮喝得过多容易导致食欲不振,让苦夏症状更严重。热茶是夏季最佳饮品。

三大时段注意补水 夏季有三个时间段最容易缺水,分别是起床时、睡觉前、洗澡后,应注意适时地给身体进行水分补给。

吃鳗鱼 为了抵御苦夏,日本人有多吃鱼少吃红肉的习惯,尤其是鳗鱼,它肉质柔软、容易消化,最适合夏天食用。

哪些疾病"冬病夏治"效果最理想

"冬病夏治"是中国传统医学的一个重要特色，即利用夏季气温高，机体阳气充沛的有利时机，调整人体的阴阳平衡，使一些宿疾得以治愈。"冬病"指某些好发于冬季，或在冬季加重的病变，如支气管炎、支气管哮喘、风湿与类风湿性关节炎、老年畏寒症以及属于中医脾胃虚寒类疾病。"夏治"指夏季这些病情有所缓解，趁其发作缓解季节，适当地内服和外用一些药，以预防冬季旧病复发，或减轻其症状。

以下给大家介绍一些需要夏治的冬病。

哮　喘

哮喘常于冬天发作。根据我国传统中医学"急则治其标，缓则治其本"的原则，在哮喘不常发作的夏季，对脾肾阳虚、夏轻冬重的慢性哮喘患者，可采取温补脾肾的治法，以扶正固本、提高患者的抗病能力。

临床常用的药方有"冬病夏治咳喘膏"。这种药膏的制用方法是：取炙白芥子、元胡各7克，甘遂、细辛各4克。先将药研成细末，再将其用生姜汁调成膏状，然后将药膏均匀地敷于患者背部两侧的肺俞、心俞、膈俞三对穴位上，用纱布覆盖，用胶布固定。贴敷时间为每年的初伏日、中伏日、末伏日共3天。每次贴敷4～6个小时，一般可连续贴敷3年。

肩周炎

该病又称为"五十肩"、"冻结肩"，其主要症状为一侧或双侧肩周疼痛，且伴有肩关节外展及其外旋功能受限。中医认为，该病多因人体的肾气不足、气血渐亏，加之长期劳累或受凉而形成。在夏天，一般对该病患者可采取补气血、益肝肾、温经络、祛风湿的方法进行治疗。

患者可将独活寄生汤加碱后用水煎服，其主要方药有：独活9克，寄生、杜仲、牛膝、细辛、秦艽、茯苓、肉桂心、防风、川芎、人参、甘草、当归、芍药、干地黄各6克。同时，患者还可采取外治法进行治疗。方法是：取葱汁、姜汁、蒜汁各150毫升，凤仙花汁50毫升，米醋150毫升，面粉30克，牛皮胶60克。先将葱汁、蒜汁、姜汁、凤仙花汁及米醋放入锅内煎煮，煎成浓汁后再加入牛皮胶及面粉，继续煎至膏状为止，然后将药膏分别贴敷于患者患侧的肩髃、肩髎及曲池穴上，用纱布覆盖，用胶布固定，每天换药1次，10天为一个疗程。

膝骨性关节炎

该病是人体的一种退行性病变，其主要症状是关节疼痛、肿胀、活动受限等。该病一般在冬春和秋冬交界时期较重，而在夏季较轻。

在临床上，患者可在每年的夏季用中药热敷的方法进行治疗。方法是：取透骨草、伸筋草各30克，苏木、海桐皮各20克，嫩桑枝、威灵仙各15克，红花、鸡血藤、白芷各12克，乳香、没药、川乌、草乌、秦艽、全当归各9克。先将药用布包裹后放入锅中，加入1000克的清水煎煮40～50分钟后取出药包，然后将两条毛巾浸于药液中，待药液温度凉至38～42摄氏度时，取出毛巾将其敷于患处，每次敷30～40分钟（要保证药液的温度始终保持在38～42摄氏度）。患者每日可敷1～2次，每治疗一周后，要间隔2天时间，21天为一个疗程。一般每剂药可连用2～3天。

风湿性筋骨痛

该病属于中医“痹症”的范畴，其病变部位主要在颈肩、腰背、肘关节、腕关节和膝关节等处。患者主要有关节酸痛的症状。

治疗该病应以温经散寒、祛风除湿为主，可在夏天采取如下方法进行治疗：取生首乌、生川乌、山柰各20克。将药研成细末后置于棉垫上，再将棉垫敷于患处并用胶布固定，然后用热水袋在棉垫外热敷。患者可每日敷1次，15天为一个疗程。关节灼热肿痛者忌用。

冻疮

该病在寒冷季节发作，患者可在三伏时节进行治疗。方法是：取桂枝25克，红花、紫苏叶、附子、荆芥各10克，生姜30克。将药一起加水煎煮后去渣取汁，然后用此药液熏洗患处。每日1剂，一般10天为一个疗程。

虽说冬病夏治的疗效不错，但在应急治病的同时，还要少吃冷饮、热带水果等“发物”，平时多吃杂粮，并根据季节的要求顺其自然。

冬病夏治食疗良方

黄芪麦冬活血粥

用料 黄芪20克，麦冬12克，当归12克，薏米仁30克，粳米50克。

制法 先加水500毫升，将黄芪、麦冬、当归、薏米仁煮熟，文火煮至200毫升左右，去渣，加粳米煮成粥，温服。

作用 本粥适用于慢性阻塞性肺病和慢性肺心病缓解期的患者，有助于改善其生活质量。

人参蛤蚧首乌百合粥

用料 人参粉3克，蛤蚧粉2克，何首乌15克，百合12克，粳米60克。

制法 先将何首乌、百合加水500毫升，煮至约200毫升，然后去渣，加粳米（糯米也可）煮成粥，待熟时加入人参粉、蛤蚧粉（冬虫草研粉2克也可），搅匀，趁温服用。

作用 人参、蛤蚧益气补肾，何首乌、百合滋阴养肺，纳气定喘。凡患有慢性支气管炎、肺气肿、肺心病及哮喘而表现为“阴阳俱虚”或“气阴两虚”者均可用之，久服还能延年益寿。

虫草炖老鸭

用料 冬虫夏草15克，老雄鸭1只。

制法 将老鸭去毛，去除内脏，洗净后将虫草放于老鸭腹内，加水炖熟。可连续食用3～5只。

作用 冬虫夏草是一味名贵的滋补药品，既补精髓又益肺阴，与滋阴补虚的老鸭同用，可起到补虚损、益肺肾、止喘咳等作用。

四仁鸡子羹

用料 白果仁、甜杏仁各1份,胡桃仁、花生仁各2份,共研末。

制法 每日清晨取磨好的粉末20克,鸡蛋1个,煮羹小半碗服用。炎热季节可连续服用。

作用 此方有扶正固本、补肾润肺、纳气平喘之功效,对咳喘日久的慢性支气管炎患者尤为适用。

补肾胡桃泥

用料 取紫衣胡桃1个。

制法 每晚临睡前细嚼后服下。

作用 胡桃肉有补肾养血、润肺纳气的作用,适宜于肾虚的慢性支气管炎患者食用。

山芋糯米粥

用料 山芋及淮山药各50克,糯米100克。

制法 将淮山药、山芋煎取浓汁与糯米同煮粥,日服1~2次。

作用 有补肾益精之功效,适用于肾虚型慢性支气管炎患者食用。

食疗巧治秋季四"干症"

金秋时节,天气渐凉,空气干燥,不少人易患各种干燥症,如眼干、咽干、肤干、便干等,针对这四种干燥症,不仅需要补水,更要注意对症治本。

眼干 眼干症又称结膜干燥症,是由于各种原因引起泪腺异常,导致泪膜发生病理性改变,并伴有眼部不适等特征的疾病。秋天由于气候干燥,往往会加重病情。食疗宜喝枸杞菊花糯米粥,制法为:枸杞15克,白菊花4克,糯米150克。将枸杞子、白菊花切碎,与糯米一同加水浸泡30分钟,再用文火煮成粥。此粥养阴清热,补肝明目。

咽干 秋天燥邪伤肺，易出现口干咽燥、咳嗽少痰等各种秋燥病症。食疗宜喝雪梨橄榄汤，制法为：橄榄 15 克，雪梨 50 克，瘦肉 100 克，蜜枣 1 个，姜 2 片。将瘦肉洗净，切块，雪梨洗净切片后与橄榄、蜜枣及瘦肉同时放入锅内加清水 250 毫升，隔水炖两小时。橄榄味甘酸性凉，能清肺、利咽、生津，化痰醒神，解酒毒；雪梨、猪肉皆能清热、解暑、润燥，合而为汤能起到清肺利咽、生津润燥的作用。

肤干 秋天，皮肤变得干涩、缺少光泽，这是燥邪伤肝所致，宜食用银杞菊花粥，其做法为：银耳、枸杞、菊花各 10 克，糯米 60 克，同放锅内，加水适量煮粥，粥熟后调入蜂蜜服食。肝主藏血，银杞菊花粥能让气血平和，使面部血液运行充足，身体皮肤柔滑、有光泽。

便干 秋燥损耗人体津液，使肠道干涩，引发便秘。食疗法为：取白萝卜 400 克，洗净、去皮、切碎，用洁净纱布包好榨汁，每次取 60 毫升加蜂蜜 1 匙，调匀吞服，每天 3 次，连服 3～5 天。此食物对防治便干很有帮助。

冬季，养生的黄金季节

冬季是自然界阳气闭藏的阶段。闭藏是向内的，就好比在冬季要多多充盈我们的健康“小金库”，来年的“开支”就可以应付自如，因而冬季是养生的黄金季节，以下几种方法可以帮助您进行冬季养生。

早睡晚起

冬季适当早睡、晚起、不熬夜，是非常有必要的。因为，天黑早，阳气收藏早，早睡可以养阳；天亮迟，阳气升发也迟，晚起可以固阴精。冬季要保证头暖、背暖、脚暖。特别是阳虚的人，这三个部位容易受寒邪侵袭。

饮食方面

少食生冷，但也不宜燥热。怕冷、手脚冰凉的虚寒体质的人可适当吃一些温热的食物，如牛肉、羊肉、桂圆、枣、山药、韭菜等。平时多喝粥：补肺益胃的山药粥、养阴补肾的核桃粥、益气养颜的大枣粥都很适合在冬季服食，暖身又滋补。

药物滋补

凡一切虚劳内伤及气、血、津液不足之证，皆可使用人参。而不同种类的人参，其作用机理也不一样。一般来说，西洋参药性属凉性，用于热证，如血压增高、便秘等；而人参性温，适用于寒证。其中生晒人参为清补之品，主要用于气阴两虚症状，如伴有疲劳的出虚汗、胃肠虚弱、食欲不振、心功能不全、口渴等。热证的人如果用温性的生晒人参，则可提高身体的兴奋度，使炎症恶化。红参为温补之药，气味浓厚，微苦而甘，功能偏于温阳，主要用于气虚而兼有寒象的病证，如心血管疾病、大病后的恢复期。所以热证病人应选用西洋参，寒证病人应选用生晒人参或红参。服人参有禁忌：忌吃萝卜和各种海味；忌饮茶。

多晒晒背

冬季里，中医提倡“晒背”来养生。背部是身体最重要的七条运输和管理阳气的经脉汇集处，经常背对日光而坐，让太阳把脊背晒得微暖，阳气会通过背部穴位吸收到体内，然后运送到全身各处。当你晒了太阳感觉遍体和畅时，就是体内阳气充足、经脉通畅的表现。

中老年人餐桌上的药方

很多中老年朋友患多种慢性病，中医认为，药食同源，食物也有药性，如果中老年朋友合理利用一些食疗药方，可对治疗各种疾病有所帮助。

高血压

中老年人高血压多为年老肾亏、久病伤肾，导致气血亏虚所致；或因痰湿、淤血阻滞经络引起血压高、头痛。饮食调养已成为治疗轻度高血压的首选方法，食疗以健脾化痰、活血降压为原则。

材料 鲜香菇50克，黑木耳(干)3克，鸡汤500毫升，鲜柠檬2片。

做法 将黑木耳用水泡开，和香菇一起洗净、切碎，放入鸡汤中，大火烧沸后，将柠檬片放入锅中，改为小火煮5分钟，加入少许盐调味食用。可辅助降压，对治疗高血压引起的眩晕效果尤佳。每周2次，2个月为1个疗程。

高脂血症

中老年人常见病，饮食治疗及保健是康复的关键。中医认为，其病因为素体脾虚痰盛、饮食不节致痰浊内生；或年老体虚，阴虚痰滞，化为脂浊而为病。食疗以滋阴降火、化淤祛痰为原则。

材料 银耳(干)3克，山楂3个，鸭梨30克，茉莉花茶3克。

做法 将银耳用水泡发撕成小块，鸭梨切丝，同山楂一起放入锅中，加入茉莉花茶泡出的茶水，煮成羹服用。可减少脂质吸收，加速脂质的分解或排泄。每周2次，3个月为1个疗程。适合中老年高脂血症患者长期食用。

动脉硬化

早期多无症状，但随病情发展会逐渐出现心慌、胸闷、四肢麻木、记忆力下降、失眠、多梦等现象。这是年老水谷运化失常化为痰浊，阻于血脉，或肾气渐衰，血行不畅，淤滞于脉道而致。食疗以健脾祛湿、活血化瘀、疏通血脉为原则。

材料 青椒(甜椒)100克，豆腐100克，芹菜50克，荸荠50克。

做法 先用植物油将豆腐煎成黄色，将青椒切丝、芹菜切段、荸荠切片后炒熟，加入豆腐调味后食用。此方可软化血管、通血脉，对增强血管弹性和预防心梗、脑梗大有帮助。每周2次，2个月为1个个疗程。

糖尿病

饮食控制、饮食疗法为糖尿病康复的关键。中医认为，其病因多为脾胃运化功能异常，积热内蕴，化燥伤津或肾阴亏虚，虚火内生导致阴津亏损，燥热偏胜。食疗以清热润燥、养阴生津为主。

材料 鲫鱼500克，冬瓜100克，枸杞15克，绿茶3克。

做法 将绿茶和枸杞塞入鱼腹内，冬瓜切片铺在盘中，鱼放在冬瓜上，上锅蒸熟后淋上调味汁食用。四种食物相配伍，起到补虚、消渴的作用，适用于糖尿病口渴多饮、热病伤阴者，并能预防糖尿病并发症。每周1次，3个月为1个疗程。

便 秘

中老年便秘多由大肠传导失常、脾胃功能失调所致，食疗以促进胃肠蠕动为主。

材料 白菜100克，胡萝卜80克，鲜玉米粒60克，山药50克。

做法 将白菜、胡萝卜切丝，放入锅中炒后加适量水，将玉米粒、山药（切片）放入锅中，熬熟成汤，加盐后食用。此方对便秘有很好的疗效，尤其适合便秘伴有口臭、食欲不振者食用。隔日1次，3周为1个疗程。

失 眠

老人失眠多为肾气衰退所致，肾精不足则致脑髓失养，生理功能紊乱而致失眠，故通过饮食补肾养心是治疗失眠症的基本疗法。

材料 瘦猪肉200克，百合30克，白萝卜100克，莲子30克。

做法 将瘦猪肉洗净、焯水后切块，放入锅中煸炒后加水、料酒、醋、盐，再放入莲子、百合、白萝卜炖熟后食用。可起到滋养肝肾、养心安神的作用。每周2次，每次吃50克肉。2个月为1个疗程。

老花眼

老花眼是眼睛老化的一种现象，中医认为，是衰老引起肝肾亏虚所致。食疗以补肝益肾、养血明目为原则。

材料 黑芝麻30克，枸杞子30克，鸡蛋1个，小麦面粉50克。

做法 将黑芝麻、枸杞子弄碎，与鸡蛋、面粉、水、盐搅拌成面糊，摊成薄饼食用，对治疗老花眼效果良好。每周2次，2个月为1个疗程。

常见病药膳单验方

白糖蒜泥特效治咳

将大蒜捣烂后，加入适量白糖继续捣，捣成白糖蒜泥后备用。使用时，成年人直接将少许白糖蒜泥放入口内，在咽部含化，最后咽下，每日可以多含几次。小儿使用时，可以将白糖蒜泥用开水烫一下，做成白糖蒜泥水，这样可以降低蒜的辣味，每次用小勺喂服患儿，每日可多喂几次。白糖蒜泥治疗咳嗽具有特效，除肺炎等感染较重的病症需要配合抗生素外，一般用1～2天即有明显效果，多数患者会在一周内痊愈。

冰糖蒸蒜治久咳不止

取剥皮的大蒜瓣20～30枚，冰糖5克，同放置小碗内加水50毫升，放在锅内隔水蒸熟，一次食之。连续食用此方数日，久咳不止可缓解或治愈。

生姜茶治晕车晕船

乘车船之前喝一杯生姜茶，可以治疗晕车晕船，防止恶心。取指头大小一块鲜姜，去皮，切丁，加点蔗糖放入杯中，倒入滚开水，浸泡15分钟后代茶饮用。

枸杞子治疗老年性口苦干燥症

传统中医学认为，老年性夜间口干舌燥症者每晚临睡前取枸杞子30克，用冷开水洗净后徐徐嚼服，有良好疗效。枸杞子虽是一种药性平和的良药，但外感实邪发烧，脾胃有湿，消化不良及泄泻患者应慎用或忌用。

消除眼疲劳验方

枸杞子10克，桑葚子10克，山药10克，红枣10枚。将上述药物加水煎2次，第一次煎汁与第二次煎汁相隔3～4小时服用。

粗粮搭配防病治病

大麦+高粱，治慢性胃炎 取大麦30克，高粱15克，加水煮成稀粥，每天分2～3次食完，连续食用3周。

荞麦+糙米，治消化不良 将荞麦与糙米加水浸泡30分钟左右，然后加水煮粥食用，每天1次，连食2周。

绿豆+小米，治口舌生疮 取绿豆50克、小米60克，淘洗干净后煮粥食用，每日1次，连服1周。

薏仁+红小豆，消水肿 将薏仁80克与红小豆30克煮成稀粥食用，每日1次，连服10日。对中老年人常见的足部水肿，下肢水肿，双脚发胀不适等症有良好疗效。

糯米+花生，治支气管炎 取糯米70克、花生仁30克（除去红衣）加水煮粥食用，每日1次，宜常食。

燕麦+黑芝麻，治便秘 将燕麦片加水或牛奶煮熟后，掺入炒香的黑芝麻5～10克，每日清晨空腹食用，通便效果更佳。

玉米+豇豆，治尿路感染 将玉米渣或玉米面50克、豇豆20克煮粥食用，每日一次，连食一周。

黑豆+黑米，治老年贫血 将黑豆20克，黑米60克，加水煮至豆烂即成，每日1次，贫血患者宜经常食用。

补充食物抗衰酶可延缓衰老

人过50岁,会逐渐出现皮肤松弛,腿脚不灵,心肾功能下降等衰老症状,这与体内超氧化物歧化酶减少有关。

体内抗衰酶缺乏的表现:皮肤晦暗,出现斑点;经常感到肌肉酸痛,活动后感觉尤其明显,很难消除;常感疲乏,睡眠不好;心律不齐,常感心慌;听力和视力下降;容易感冒;记忆力明显下降。

我们可在日常生活中采取食疗、香薰等方法,激活、补充抗衰酶;从而达到减少疾病和延缓衰老的效果。

常喝西红柿汤

西红柿中番茄红素可增加体内抗衰酶,加快自由基损伤的修复,大量运动后喝一碗西红柿汤,会感到肌肉酸痛感很快消失。如果经常喝西红柿汤,有助于消除疲惫感。

注意 西红柿煮熟吃,更有利于补充高活性番茄红素。

经常吃小葱

研究发现,体内丙二醇增多会引起细胞损伤,导致衰老和疾病。小葱能显著降低丙二醇含量,增加抗衰酶活性,延缓组织和器官老化。特别是对血管内皮细胞的保护作用明显,能防止血栓形成和降低血脂,对预防冠心病、脑血栓等大有好处。

注意 小葱凉拌生吃效果才好,每周2次以上。

每周吃2次仙人掌

菜用仙人掌"米邦塔"(一般大超市有售),营养丰富,其中抗衰酶的含量丰富,活性很高,接近人体内比例,可有效清除体内有害物质,有降血糖、增强免疫力、抗衰益寿的作用。

注意 去皮后榨汁或凉拌食用。

每周吃2次海带

海带中的海带多糖可提高血液中抗衰酶的活性,促进诱发早衰的物质脂质过氧化物排出体外。每次吃完海带后都会大便通畅,并随之排出大量脂质过氧化物。经常吃海带,可防止脂质过氧化物损伤脑组织,引发老年痴呆、脑血栓等疾病。

注意 先将干海带上蒸锅蒸软,然后清洗浸泡2小时,凉拌、炒炖皆可。

植物精油香熏

现代药理研究表明,用植物精油进行香熏,具有提高细胞中抗衰酶活性的作用。植物精油中的薰衣草精油能提高脂肪降解率,丹参醇提取物对内皮细胞有保护作用,檀香精油中α-檀香醇和β-檀香醇对中枢神经具有镇静作用。

注意 选薰衣草精油、檀香精油、丹参精油中的一种,以8滴精油加240毫升凉白开水的比例配成香熏液,放入香熏灯中。每晚8点开始香熏,连续6周。

每天1杯莲心茶

莲心中丰富的莲心碱可增加抗衰酶及其活性,特别是提高脑中抗衰酶活性,对脑缺血产生的头晕、头痛、单侧肢体无力、容易跌倒等有一定改善作用。

注意 每天将3克莲心沸水冲泡,代茶饮。

每天1茶勺松花粉

松花粉可增强抗衰酶的活性,清除沉积在皮肤表面的老年斑和脑、心、肝等器官组织中的过氧化脂质,提高人体免疫能力,起到防病抗衰的作用。

注意 蜂蜜与一茶勺松花粉调匀服用。

骨质疏松的饮食治疗

供给充足的蛋白质

蛋白质是组成骨基质的原料，可增加钙的吸收和储存，对防止和延缓骨质疏松有利。如奶中的乳白蛋白，骨头里的骨白蛋白，核桃中的核白蛋白，蛋类的白蛋白，都含有弹性蛋白和胶原蛋白，维生素C对胶原合成有利，故老年人应保证摄入充足的蛋白质与维生素C。

补充钙质

膳食中应给予充足的钙，正常成年人每日应达到800毫克，老年人应给予1000毫克。

注意烹调方法

烹调方法也相当重要，一些蔬菜如菠菜、苋菜等，含有较多的草酸，影响钙的吸收。如果将这些菜先在沸水中焯一下，滤去水再烹调，可减少部分草酸。再则谷类中含植酸酶，可分解植酸盐，释放出游离钙和磷，增加利用率。植酸酶在55摄氏度环境下活性最高，为了增加植酸酶的活性，可以先将大米加适量的水浸泡后再洗，在面粉、玉米粉、豆粉中加发酵剂发酵并延长发酵时间，均可使植酸水解，使游离钙增加。

限制饮酒

过量饮酒可影响钙的吸收，所以应限量、适度地饮酒。

补充适量钙质

目前国内市场上各类钙片很多，除饮食补充外，可适当补充钙剂，但要注意钙的结合形式。如碳酸钙，吸收较差，乳酸钙的含量很低。不要盲目地补充维生素A、D丸，服食超量可引起中毒症状，一定要在医生的指导下服用。只有膳食中的钙与蛋白质结合后，才能充分地被机体所利用，所以提倡膳食中补钙。建议每人每日饮用250克牛奶，即补充约250毫克的钙。但最近意大利学者研究发现，老年人过多地饮用牛奶，能促进老年性白内障的发生。其原因是牛奶中5%是乳糖，乳糖在乳糖酶的作用下分解成半乳糖，过多的半乳糖能沉积在眼睛的晶状体中，影响晶状体的正常代谢，从而促进老年性白内障的发生。所以，补钙不能仅从牛奶中摄取，还应从其他含钙丰富的食品中补充，如谷类，豆制品，黄、绿、红色蔬菜，虾皮等。

如何把吃进的植物奶油排出来

食用过多植物奶油会加剧大脑机能衰退，导致老年痴呆症。现在很多食物中都含有植物奶油，让人防不胜防。所以，一方面要少吃植物奶油，另一方面还要采取措施清除体内的植物奶油。

饥饿疗法

闭口用鼻吸气，纳气吞下，每日吞满360次，使气常常饱满。之后每天只吃两餐，第7日吃一餐，此时可见小便赤黄。饥饿时含红枣1个于口中，使口中生津液，10多分钟后嚼食（全天不超过9个），然后逐渐恢复正常饮食，但不可暴饮暴食。

修复细胞膜

多吃新鲜水果、蔬菜、豆类等抗氧化食物，减少植物奶油对细胞膜的破坏。每餐吃两份不同颜色的蔬菜，一份深绿色的蔬菜（如菠菜、油菜）和一份橘黄色的蔬菜（如南瓜、甜椒）；每日吃一把坚果（如杏仁、榛子）以补充抗氧化剂维生素E。

干刷淋巴

每天用丝瓜络对肌肤进行干刷按摩，加速淋巴液循环，淋巴循环畅通可加强身体对植物奶油的代谢和排出。干刷从肢体末端向心脏方向、自下而上地进行，可先从足踝至大腿，再朝心脏方向摩擦。每晚临睡前1次，每次20分钟，持续3周以上。

促进排便

大便通畅可促进植物奶油排出体外。早餐时喝250毫升酸奶促排便效果较好。此外，平时多吃富含纤维的食物，如糙米、蔬菜、水果等，也能促进肠道蠕动，保持大便通畅。

多喝水不憋尿

充分饮水能促进肾脏新陈代谢，将更多的植物奶油冲刷排出体外。每天清晨空腹喝500毫升白开水，上午10点、下午4点和晚上各喝400毫升，不能以甜饮料代替白开水。此外，要避免憋尿。如经常憋尿，尿液中植物奶油的代谢物反式油酸就不能及时排出体外，不仅会破坏肾小球过滤膜，还可拮抗胰岛素活性，诱发或加重糖尿病，所以最好养成每两小时小便1次的习惯。

酒掺可乐，酒劲更猛

每逢佳节，大小宴席不断，容易饮酒过量，导致胃里反酸、呕吐、头晕。喝酒前需要了解一下吃什么东西能够和酒精结合，延缓酒精被血液吸收，而吃什么又能加速人体对酒精的吸收，可以帮助我们尽可能减少酒精对身体的伤害。

酒精缓解剂

饮酒前喝一杯酸奶 奶类饮料可以使蛋白凝固，缓解酒精在胃内吸收。尤其是酸奶，质黏稠，含有植物胶增稠剂，在胃中停留时间较长。乳饮料虽然营养价值远不如牛奶和酸奶，但是其中含有增稠剂，也有一定的保护胃黏膜的作用。

喝水喝汤稀释酒精 喝了酒之后，马上再喝点乳饮料，同时大量喝水、饮热汤。一来可以稀释酒精浓度；二来多喝水能加速排尿，把酒精从尿液中排泄出去。

维生素B片加速酒精代谢 喝酒前还可以提前吃两粒复合维生素B片，酒精在肝脏中的代谢需要它们的帮助。

吃点米饭和水果 淀粉类（米饭、馒头、豆类）食物中的大分子能和酒精发生结合，也能延缓酒精的吸收，而蔬果中的果胶可以延缓酒精的吸收，水分也较大，能帮助稀释酒精。

酒精加速剂

有气饮料+酒精，吸收速度快 很多人以为红酒中掺了雪碧、可乐，能减低酒精浓度，其实这是错误的做法。充气饮料中的某些成分会加快身体吸收酒精的速度。

大口喝酒加速吸收 喝酒的速度宜慢不宜快，饮酒快，则血液中的乙醇浓度升高得也快，很快就会出现醉酒状态。若慢慢饮入，体内有充分的时间把乙醇分解掉，不易喝醉。

酒后三宜三忌

酒后有三宜

饮柠檬水。在500毫升温开水中加入3～5片鲜柠檬，制成柠檬水，在酒后饮用。如醉酒，可再服用100毫克维生素C和1片复合维生素B。

米汤解酒。米汤中含有丰富的碳水化合物及B族维生素，可以帮助机体代谢酒精。因此，酒后饮用米汤，有解毒、醒酒的功效。在米汤中加点白糖，解酒效果更佳。

按压合谷。酒后轻柔按压双侧手背合谷穴（位于第1、2掌骨之间，约第2掌骨中点处），可以缓解因饮酒而引起的肠道不适。

酒后有三忌

酒后忌洗澡。洗澡时出汗增加，血容量减少，血液中的酒精浓度相对增加，再加上热水能促进血液循环、扩张血管，可引起血压下降、血黏稠度增高，导致心脏病或脑中风发作。

酒后忌用眼。白酒、啤酒、果酒等酒中的酒精可使眼部血管扩张充血，并损失视网膜，对于糖尿病、高血压患者来说，饮酒还会导致眼底出血。酒后长时间看电视、电脑，等于雪上加霜，会加重眼睛的损伤。

酒后忌饮茶。酒精主要在肝脏部位逐渐分解代谢，起到解酒作用。这一过程一般需2～4小时，如果酒后立即饮浓茶，茶中的茶碱有利尿作用，可加重机体失水，使酒中的有害物质来不及代谢就从肾排出，对肾造成伤害。

教您几招解酒方法

既能喝酒就要会解酒，否则不仅醉醺醺有失仪态，接踵而至的头痛、头晕、反胃、发热……也不会让你好受。“有备而喝”才是上策，以下几种解酒食品可帮你专门应对各种酒后不适。

蜂蜜水——酒后头痛

喝点蜂蜜水能有效减轻酒后头痛症状。这是因为蜂蜜中含有一种特殊的果糖，可以促进酒精的分解、吸收，减轻头痛症状，尤其是红酒引起的头痛。另外，蜂蜜还有催眠作用，能使人很快入睡，并且第二天起床后也不会头痛。

西红柿汁——酒后头晕

西红柿汁富含特殊果糖，能帮助促进酒精分解、吸收。一次饮用300毫升以上，能使酒后头晕感逐渐消失。实验证实，喝西红柿汁比生吃西红柿的解酒效果更好。饮用前若加入少量食盐，还有助于稳定情绪。

新鲜葡萄——酒后反胃、恶心

新鲜葡萄中含有丰富的酒石酸，能与酒中乙醇相互作用形成酯类物质，降低体内乙醇浓度，达到解酒目的。同时，其酸酸的口味也能有效缓解酒后反胃、恶心的症状。如果在饮酒前吃葡萄，还能有效预防醉酒。

西瓜汁——酒后全身发热

西瓜汁是天生的白虎汤（中医经典名方），一方面能加速酒精从尿液排出，避免其被机体吸收而引起全身发热；另一方面，西瓜汁本身也具有清热去火功效，能帮助全身降温。饮用时加入少量食盐，还有助于稳定情绪。

柚子——酒后口气

李时珍在《本草纲目》中早就记载了柚子能够解酒。现代实验发现，将柚肉切丁，蘸白糖吃更是对消除酒后口腔中的酒气和臭气有奇效。

芹菜汁——酒后胃肠不适、颜面发红

酒后胃肠不适时，喝些芹菜汁能明显缓解，这是因为芹菜中含有丰富的分解酒精所需的B族维生素。胃肠功能较弱的人，则最好在饮酒前先喝芹菜汁以做预防。此外，喝芹菜汁还能有效消除酒后颜面发红的症状。

酸奶——酒后烦躁

蒙古人多豪饮，酸奶正是他们的解酒秘方，一旦酒喝多了，便喝酸奶，酸奶能保护胃黏膜，延缓酒精吸收。由于酸奶中钙含量丰富，因此对缓解酒后烦躁症状尤其有效。

香蕉——酒后心悸、胸闷

饮酒后感到心悸、胸闷时，立即吃1~3根香蕉，能增加血糖浓度，使酒精在血液中的浓度降低，达到解酒目的，同时能减轻心悸症状、消除胸口郁闷。

橄榄——酒后厌食

橄榄自古以来就是醒酒、清胃热、促食欲的“良药”，能有效改善酒后厌食症状。既可直接食用，也可加冰糖炖服。

热姜水专治小毛病

偏头痛 当偏头痛发作时，可用热姜水浸泡双手，浸泡15分钟左右，痛感就会减轻，甚至消失。

醉酒 用热姜水代茶饮用，可加速血液流通，消化体内酒精。还可在热姜水里加适量蜜糖，可缓解或消除醉酒症状。

面部暗疮 用温热姜水洗脸，每天早、晚各1次，持续60天左右，暗疮就会减轻或消失。此法对雀斑及干燥性皮肤等亦有一定的治疗效果。

腰肩疼痛 在热姜水里加少许盐和醋，用毛巾浸水拧干，敷于患处，反复数次。此法能使肌肉由张变弛，舒筋活血，可大大缓解疼痛。

脚臭 将脚浸于热姜水中，浸泡时加点盐和醋，浸泡15分钟左右，抹干，擦点爽身粉，臭味便可消除。

牙周炎 用热姜水代茶漱口，每日早、晚各1次。如果喉咙痛痒，可用热姜水加少许食盐代茶饮用，每日2~3次。

头皮屑 先用生姜轻轻擦洗头发，然后再用热姜水清洗头发，可有效去除头皮屑。

蜂产品保健知识

蜂产品包括蜂蜜、花粉、蜂王浆和蜂胶等，是大家日常生活中非常熟悉的一种保健食品。

蜂 蜜

蜂蜜是蜜蜂采集开花植物的花蜜、分泌物或蜜露，与自身分泌物结合后，经充分酿造而成的天然甜物质。蜂蜜营养丰富并且全面，能够补充人体所需营养，可以抑菌、抗菌、消炎、促进组织修复，还可以改善心肌功能，对心绞痛有一定的帮助。

家里买来的蜂蜜结晶了，这是正常现象吗？ 新鲜蜂蜜是黏稠的透明或半透明的胶状液体，葡萄糖含量较高的蜂蜜如椴树蜜、油菜蜜等在13~14摄氏度时，蜂蜜中的葡萄糖分子加速围绕结晶核运动，逐渐增大，从蜂蜜中分离出来形成结晶。这就是蜂蜜的自然结晶，是正常物理现象，不影响蜂蜜的质量。而果糖含量较高的蜂蜜则不易结晶，如纯度高的洋槐蜜、枣花蜜等。

好蜂蜜是永远不会腐败变质的，但如果纯度不够，则特别容易发酵、变质。

结晶蜂蜜的吃法：取出结晶的蜂蜜，放入50~60摄氏度的温水中，结晶的蜂蜜便可逐渐融化成液体状态。

大瓶的蜂蜜一次吃不完该如何保存？ 蜂蜜是弱酸性的液体，能与金属起化学反应，因此应采用非金属容器，如玻璃瓶或塑料桶等；蜂蜜容易吸收空气中的水分而发酵变质，所以应放在干燥、阴凉、无阳光直射的地方，不要与带挥发性气味的物品，如肥皂、汽油等放在一起，以免串味。

蜂蜜吃多了会引起肥胖症吗? 有些人认为,蜂蜜富含糖分,吃多了会引起肥胖症,这实际上是把蜂蜜混同于一般的营养品。蜂蜜主要由葡萄糖和果糖组成,这两种成分占65%~80%;而蔗糖的含量极少,不到5%。由于葡萄糖和果糖可被人体直接吸收,吸收过程不伴有脂肪沉淀,故不会引起肥胖。

浅色蜜和深色蜜哪一种更好? 都好!蜂蜜的色泽与蜜蜂采集的蜜源种类直接相关,由不同蜜源植物花蜜酿制成的蜂蜜,色泽有明显的差别。有人认为蜜色越浅,质量越佳。确实,洋槐蜜及有些浅色蜜气息清香,品质好。但龙眼蜜、党参蜜、枣花蜜等深色蜜同样也属于优等蜜。

儿童吃蜂蜜对其生长发育有何作用? 儿童生长迅速,物质代谢的同化过程大于异化过程,所以需要大量的糖类物质来满足生理要求。蜂蜜中含有大量的单糖,能直接被人体吸收,特别利于消化系统功能尚不完善的儿童。

儿童正常发育除了需要蛋白质、碳水化合物、维生素、脂肪外,还需要微量元素,尤其是需要大量的锌、钙和磷,这些物质在蜂蜜中的含量较高,也易于被人体吸收,经科研证明蜂蜜还能促进人体对锌、钙和磷的吸收。

此外,蜂蜜能补充人乳、牛乳中铁的不足,使贫血的儿童血红蛋白增加;蜂蜜能免除儿童的便秘之苦,而且没有泻肚现象;蜂蜜能促进消化道的蠕动,帮助儿童增强消化吸收功能并提高儿童食欲;蜂蜜还有一定的安抚镇静作用,能够减轻儿童情绪上的烦躁。

蜂王浆

蜂王浆是哺育蜂的舌腺和上颚腺的混合分泌物。在蜂群中,主要用来饲喂蜂王和蜜蜂幼子,蜂王一生都以蜂王浆为食,工蜂和雄峰只在幼虫期的前三天食用王浆。蜂王浆是唯一可供人类直接服用的高活性成分的胎儿级超级营养食品。

蜂王浆在保存中应注意哪些事项? 蜂王浆怕空气、怕热、怕光线、怕细菌污染、怕金属、怕酸、怕碱,对空气、水蒸气、光、热都非常敏感,长时间置于上述条件下,就会导致蜂王浆的生物活性降低甚至消失。因此,蜂王浆必须低温保存。零下2摄氏度以下可贮存1年不变质,零下18摄氏度可长时间保存。家庭中也可按1:10的比例与蜂蜜混合存放。

哪些人不宜服用蜂王浆? 蜂王浆可促进机体生长发育,但在生长发育正常情况下，儿童以及青少年不宜服用蜂王浆；孕妇也不宜服用，蜂王浆会刺激子宫收缩，不利于胎儿在子宫内的发育。此外，个别对蜂王浆有过敏反应的人不能使用（症状为哮喘、荨麻疹、心跳加快），如出现过敏应立即停用。

食用蜂王浆时与蜂蜜混合比例是多少？这样调配后的王浆保存期限为多久？ 蜂王浆与蜂蜜混合的适宜比例大约是1∶10，依使用目的的不同（治疗、保健），混合比例可增大或减小。混合后的王浆蜜应保存在避光的塑料瓶中，使用前搅匀（蜂王浆密度小于蜂蜜，会出现蜂王浆浮在上面的现象）。用此种方法保存，蜂王浆可保证1～3月不变质。

服用蜂王浆的方法？为什么服用“鲜王浆”不宜喝水？ 可吞服或含服。最好的方式是舌下含服，不能用开水冲服，空腹服用利于人体吸收。不能喝水的原因有两点：一是蜂王浆用水稀释后，降低了浓度，降低了抗菌消炎的能力。直接含服，容易附着在胃黏膜上，便于吸收。如有咽炎、口腔炎症、胃炎、肠炎等都不能用水稀释，必须舌下含服。二是蜂王浆掺进水后，引起胃酸分泌，会破坏蜂王浆中的活性成分。但服用蜂王浆半小时后，喝水不再受限制。

对于乙肝患者来说蜂王浆有哪些治疗作用呢？ 可阻断向慢性肝炎的恶变。鲜王浆能在短期内将升高的转氨酶降至正常水平，迅速恢复肝功能。与药物也有本质区别：药物治标不治本，感冒药可治疗感冒，但不能增强体质，愈后照样会感冒。治疗乙肝的药物也许能使某个阳性转阴，但容易反复波动。鲜王浆与药物相反，主要是先治本后治标，达到标本兼治的目的，起到养肝护肝的作用。乙肝病毒的潜伏期很长，主要靠养肝和护肝，所谓“三分治，七分养”。因此，必须加强营养，靠日常的一般食物远远不够。鲜王浆纯度高、鲜度高、营养丰富，能有效地保留活性物质，可不经消化而被机体直接吸收，而其又富含各种营养成分，搭配非常均衡合理，有良好的养肝护肝作用。

鲜王浆对糖尿病的治疗有何效果？ 美国学者研究发现，鲜王浆中含有类胰岛素多肽，其相对分子质量与牛胰岛素相同，因此对糖尿病人有良好的医疗作用。鲜王浆有促进组织再生的作用，可使胰岛素B细胞本身代谢恢复正常，发挥正常的降糖作用。鲜王浆中的常量、微量元素镁、锌、铬等，均参与胰岛B细胞的功能调节作用，稳定胰岛素的敏感性。

花　粉

蜂花粉是蜜蜂采集被子植物雄蕊或裸子植物小胞子囊内的花粉细胞形成的团粒状物，一般多为单一品种花粉（由一种粉源植物花粉组成）。花粉成分复杂，主要含有蛋白质、氨基酸、碳水化合物、脂类，还有丰富的维生素、微量元素、酶类、核酸、黄酮类、激素以及未知物，有“浓缩的微型营养库”的美誉。

食用花粉是否需要破壁？　食用花粉根本就不需要破壁，因为单纯的胃肠道酸、碱环境就足以使之消化，甚至破壁。而且对于食用花粉来说，破壁不仅没有必要，而且还不利于长期保存。因为完整的花粉壁是致密的，这使得花粉内含物与外界空气隔绝，对高蛋白内含物起到保护作用，一旦破壁，内含物暴露在外界环境中，很容易被氧化变质。

花粉的外壁主要成分是纤维素，具有耐酸、耐碱、抗微生物分解的特性。口服不需破壁，并且破壁花粉不易保存。外用必须经过破壁处理，才能被皮肤吸收。

有些人吃花粉会导致过敏是怎么回事？　大多数人接触花粉不会过敏，但少数易感人群、有过敏体质的人，接触或服用花粉会有过敏反应。蜂花粉过敏的主要症状以呼吸道为主，表现为发作性喷嚏，流大量鼻涕，鼻、眼、耳以及面部发痒，流泪，出汗，也有出现皮疹、腹部隐痛的现象。避免接触花粉或停止服用，症状会自行消失。

服用花粉后腹痛现象是怎么回事？　这种现象通常发生在食用花粉的初期，一般在最初的两三周内会有腹痛现象发生，特别是胃溃疡患者疼痛会加剧，这是正常现象，并非花粉质量存在问题（主要是指微生物方面），是属于“过渡期症状”。这主要是因为花粉富含的维生素 B_1 作用于胃的分泌系统，促进胃酸分泌的原因，同时花粉中含有的膳食纤维也会促进胃肠的蠕动。一段时间过后，腹痛就会减弱或消失。另外，过敏体质的人食用花粉也会出现此现象。

蜂　胶

蜂胶是蜜蜂将采自植物的枝条、叶芽以及愈伤组织等分泌物（即树脂）与其上腭腺、蜡腺的分泌物同少量花粉混合后所形成的黏性物质。蜂胶中含有30 多种黄酮类物质、20 多种氨基酸、30 多种人体必需的微量元素、数十种芳香物质，还有丰富的有机酸、维生素、酶类、多糖等具有生物学和药理学活性的天然成分，是一种集动植物精华为一体的纯天然复方物质。

养蜂人生产的粗胶为什么不能食用？ 在蜂胶生产过程中，有很多污染机会，蜂胶原料中含有许多杂质需要去除，尤其是蜂胶中的重金属，必须分离出去才能食用。铅在人体内有蓄积性，其生物半衰期约为1460天（在肾脏中最短为531天，在骨骼中最长3650天），过量或长期摄入铅，其中90%会沉积在骨骼中，由于影响是渐进性的，所以并不会马上表现出毒性。铅主要对人体的神经、造血和肾脏组织产生明显损害。我国食品卫生法规定绝大多数食品中的铅含量限定范围在≤1毫克/千克（1ppm），蜂胶原料含铅量平均为7.78毫克/千克，铁纱盖收集的蜂胶铅含量高达38.48毫克/千克，因此蜂胶原料不能直接食用。

假蜂胶冒充真蜂胶问题有多严重？ 最典型的就是用杨树芽胶假冒蜂胶。蜂胶与杨树芽胶的最大区别在于，蜂胶是蜜蜂生产的，是掺入了它的分泌物酿造的。而杨树芽胶是人工熬制生产的，没有了蜜蜂内分泌物参与的加工转化过程。经过熬制的杨树芽胶基本没有抗菌性，虽然总黄酮含量高了，但是它的黄酮种类发生了很大变化，具体功效大打折扣。蜂胶中正是因为存在着全面的天然营养物质，才有如此神奇的功效。

食用蜂胶是否存在像花粉一样的过敏性？ 使用蜂胶制品时，0.03‰的人会有过敏反应。外用涂抹时会引起皮肤红肿、发痒甚至皮炎；内服时会有盗汗、恶心、皮疹等现象发生。停止使用以上症状就会自行消失，所以服用蜂胶前应试敏。

真假蜂胶中都含有黄酮，那么这些黄酮有何区别呢？ 蜂胶中含有近30种黄酮类化合物，按其结构可分为黄酮类、黄酮醇类、二氢黄酮类物质。我们平时所说的“总黄酮”是以上三类物质的总和。蜂胶中常见黄酮有8种，分别是高良姜素、槲皮素、芦丁、杨梅酮、莰菲醇、芹菜素、松属素、柯因。因产地、季节、胶源植物不同，各自含量会有差别，但这8种黄酮总量都能达到8%以上。杨树胶中虽然也含有大量总黄酮，但种类与真正的蜂胶相差甚远，也就因此没有了蜂胶该有的功效。

家庭医疗巧用蜂产品

发　烧

感冒发烧时，额头滚烫、头晕目眩，伴随浑身疼痛，甚至还会有意识模糊、抽搐等症状。

服用蜂王浆可以抗真菌及改善肾上腺功能。方法是：每天服用3次，每次3～5克。

咳　嗽

突发性的咳嗽往往是吸入了异物引起的保护性咳嗽，而感冒引起的咳嗽往往持续数天。通常慢性、持续性的咳嗽多是病理性的，病因可能是吸烟、变态反应、哮喘、慢性支气管炎、肺气肿、肺结核、肺癌等。

洋葱蜜：洋葱和蜂蜜都是非常有效的天然化痰药，将洋葱切成薄片，放在杯子里，然后倒满蜂蜜，每次服一匙，一天4～5次。

榆皮蜜：用滑榆钱树皮加一份沸水及半杯蜂蜜泡制，对咳嗽及喉痛有很好的疗效。配制好后存入瓶罐中，每3～4小时服用一茶匙。

咽喉痛

咽喉痛是一种非常常见的病症，多发于一年中的寒冷季节，感冒、扁桃体炎、鼻窦炎、百日咳、咽喉炎以及病毒性感染通常都伴有咽喉痛。

蜂胶可以保护口腔及喉咙黏膜，按量服用有一定的保健效果。

头　痛

头痛及偏头痛是一种非常顽固和多发的疾病，常常在预料不到的情况下突然袭击你的神经，令人非常痛苦。

缓解头痛症状可以服用维生素C和生物类黄酮，如蜂产品中的蜂王浆、花粉、蜂胶。

疲　劳

疲劳本身不是病，而是一种症状。慢性疲劳通常是源自于高脂肪及精制糖类的饮食及情绪紧张。药物、咖啡因、酒精、抽烟、紧张、饮食习惯不当等，都是造成疲劳的祸根。

缓解慢性疲劳可以服用蜂花粉，开始时 1～2 茶匙，以后逐渐增加，花粉通常能使身体能量逐渐增加。

浮　肿

浮肿是液体蓄积体内造成身体出现肿胀，通常多出现在足、踝部，但身体的其他任何部位也都可能发生水肿。

消除浮肿可以服用多种维生素，如维生素 B、维生素 C 和维生素 E，也可以直接服用蜂花粉，因为蜂花粉中含有多种维生素。

口　臭

口臭主要是由口腔卫生不良引起的。其他因素也会造成口臭，包括牙周病、蛀牙、鼻喉感染、饮食不当、便秘、抽烟过量、消化不良等。

用蜂胶液混合蜂蜜调制含服，对帮助牙龈恢复健康、控制体内的感染、抗菌有较好的效果。

胃及十二指肠溃疡

胃及十二指肠溃疡是常见病。胃溃疡表现为进食—疼痛—缓解，而十二指肠溃疡则表现为疼痛—进食—缓解，且部分伴有夜间痛。此病防治不当可出现大出血、胃穿孔、梗阻等并发症状。

马铃薯蜜膏：新鲜马铃薯 1000 克，蜂蜜适量。将新鲜马铃薯洗净，用绞肉机加工捣烂，再用洁净纱布搅取汁，放锅中以大火烧沸，后改文火煎熬，浓缩至黏稠时加一倍量的蜂蜜，再煎至黏稠如膏状停火，冷却装瓶。空腹服用，每次 1 汤匙，每日 2 次，20 天为一个疗程。

鼻窦炎

鼻窦炎的症状包括头痛、耳痛、牙痛、脸痛、头颅压迫、丧失味觉、前额及颧骨易脆、偶尔高烧等。用抗生素是必要的治疗。

服用蜂胶有增强免疫力及加速复原的作用，建议初时用少量，以后渐增。

喉 炎

发生喉炎的原因有很多，长期吸烟、大量饮酒、错误地发声，都可能使喉咙受损。上呼吸道感染或过敏反应，会使咽喉发炎。

用蜂胶液混合蜂蜜调制含服，可以保护口腔及喉咙黏膜。

肝 炎

肝炎是常见的传染病，通常被分为5型，即甲、乙、丙、丁、戊型肝炎。

治疗肝炎关键的问题是要提高个人的免疫功能和抗病毒能力，一方面使自身有能力消除肝炎病毒，另一方面保持病毒的携带状态，不再发病。

蜂蜜和蜂王浆具有滋补、强壮、调节心血管等功能，蜂王浆制剂有扩张冠状动脉、降低血压的作用，并能降低胆固醇。此外还有抗菌、降血糖、抗癌和抗溃疡作用，能促进损伤组织的再生修复过程，有利于创伤组织的愈合，常服对患者有益。

低血糖

低血糖不会致命，但会让人很难受。不正常的蛋白质及糖类代谢及肾上腺功能不足，皆是低血糖症的症状。适当的饮食是维持正常血糖浓度的关键。

蜂王浆中含天然的泛酸（维生素 B_5），可以滋养肾上腺。服用时，调和适量蜂蜜，调口感，以蜜养浆，以浆代蜜。

肺 炎

肺炎是细菌或病毒感染所引起的肺脏发炎，引发肺炎的因素包括普通感冒、中风、酒精中毒、吸烟等。而维生素是维持呼吸道黏膜健康所必需的物质。维生素C加生物类黄酮，如蜂胶、蜂花粉、蜂蜜等天然蜂产品是肺炎患者自我保健的最佳选择。

蜂蜜蛋花羹：蜂蜜适量，鸭蛋1个。鸭蛋打散，将适量水烧开，待沸后冲入鸭蛋，再放蜂蜜即成，每日早晚空腹各服1次。此羹补虚润肺，在肺炎恢复期服用，可促进早日痊愈。

前列腺炎

前列腺是男性生殖泌尿系统中最常出现问题的部位，通常是由身体其他部位的细菌感染入侵前列腺所致。

可服用蜂花粉，每天2茶匙，起初少量，逐渐增加用量。最佳服用方法是调和蜂蜜，一天2次。

前列腺增生

中老年男性易患良性前列腺增生，这是前列腺逐渐扩大的结果。前列腺肥大的症状包括夜晚频尿、排尿次数增多。

蜂王浆中含有大量超氧化物歧化酶，能增强人体免疫功能，配合蜂花粉使用，效果更好。

坏 疽

坏疽是一种肢体血管循环障碍，它能影响循环系统，造成手脚对冷敏感，组织受损，使手指及脚趾的下面和附近慢性发炎。造成此症的原因包括血栓闭塞性血管炎，或是服用了某些影响血管的药物。

服用蜂胶或蜂王浆，能强化心脏血管系统，改善组织的供氧，还可以消炎、杀菌，促进伤口愈合。

记忆力减退

荷尔蒙失调、饮食不均衡及过度摄取垃圾食品及油炸食物，都可能是导致记忆力减退与注意力不集中的部分原因。

龙眼蜜有开胃、益脾、养血、安神、补虚长智的作用。《神农本草经》称其有“强魂聪明，轻身不老，能神明”的功效。

早老性痴呆

早老性痴呆又称阿兹海默症，以明显的精神方面的衰退为主要特征，表现为心智损坏，患者的社交与工作能力受阻碍，如不及时治疗，通常将在5年内死亡。

蜂蜜和花粉含有丰富的多种营养素，如葡萄糖、果糖、蛋白质、矿物质和多种有益于人体代谢的酶与各种维生素。具有补中益气、安五脏、除百病、和百药、解百毒的妙用，可防治心、脑、肝、肺等疾患，长期服用皆可奏效。

过敏症

过敏症是免疫系统对某些物质的不当反应所引起的。过敏症也可能有情绪上的因素，紧张及愤怒，尤其当免疫系统受压抑时，是导致此症的常见因素。过敏症的种类大致可分三类：接触性过敏、食物过敏、吸入性过敏。

服用蜂胶、蜂王浆、蜂花粉，每天3次，可以提高人体免疫力，激发免疫功能，长期服用，可以帮助改善过敏体质。

关节炎

关节炎可能是地球上最古老的一种疾病，它的特征是发炎和关节疼痛。慢性关节炎的症状包括痛、肿、僵硬及关节（一个或更多个）变形。关节炎通常包括骨关节炎及风湿性关节炎。

蜂胶具有很好的镇静、麻醉、止痛效果。外用蜂胶，把蜂胶与香油混合涂抹在患部，再敷以药用薄膜，以利于药物渗透，止痛效果非常好。蜂胶加蜂王浆双管齐下，是治疗风湿性关节炎非常好的办法，能消除很多患者的痛苦。

厌食症

厌食症多半是由于对肥胖的过度恐惧而产生的行为异常，与精神作用关联极大。本病多发于青少年和成年初期，90%的患者是女性。

蜂王浆中含有丰富而平衡的营养物质，能满足人体正常生长发育的需要，因此能治疗因缺少某种或几种营养成分而引起的营养不良症。

骨质疏松

骨质疏松是中老年常见病，是由于人的衰老，内分泌不再旺盛，摄取钙质的减少及钙质流失速度的加快，导致性激素的分泌量下降而形成的。

蜂王浆不但可以减慢骨质疏松速度，防止钙的流失，促进钙的吸收，预防老年性骨质疏松症，而且能使机体内分泌失衡、代谢失调得以恢复，更年期综合征得以治愈，从而延缓了人的衰老。

蛰 伤

蜜蜂、马蜂等在蛰人时，会将毒液注入皮肤内，导致伤口红、肿、热、痛。这种不舒服的症状将持续数小时至一天。

由于蜜蜂等昆虫的刺针上带有刺钩，最好在剔除刺针时，横向拔出，避免刺针留在皮肤里。剔出之后，用葱白加蜂蜜涂在患处，可消肿止痛。

看指甲变化预防疾病

指甲是手指的保护层，它使富含神经的指尖免于受伤害。指甲由蛋白质、角质素及硫组成，一周可生长0.05～1.2毫米。指甲的变化或不正常往往是因缺乏营养或某些疾病而造成的。长期生病、生活紧张、使用尼古丁、过敏、糖尿病都可能使指甲变黑。

指甲的变化与所缺乏的营养素

★ 缺乏维生素 A 及钙造成指甲干燥及易裂。

★ 缺乏维生素 B 使指甲脆弱，并出现纵向及横向的突脊。

★ 缺乏维生素 B_{12} 会导致过度干燥、指甲末端及其圆弧、指甲变黑。

★ 缺乏蛋白质、叶酸、维生素 C 会造成倒刺，缺乏蛋白质还会使指甲出现白条纹。

★ 如果体内的良性菌（乳酸杆菌）不足，真菌易在指甲附近形成灰指甲。

★ 缺乏盐酸促成指甲分岔。

★ 汤匙指甲和纵向突脊可能暗示缺铁。

指甲的变化与疾病

★ 厚指甲可能暗示着循环系统差，血液循环不顺畅。

★ 指甲纵向的起伏可能表示肾脏有问题，而且与老化有关。缺铁也会出现此症状。

★ 如果指根的白色半月形区域变红，可能表示心脏有问题；若变为灰青色，表示接触过量的银或肺部有毛病。

★ 指甲易碎表示可能缺铁，或是甲状腺问题、肾功能受损、血液循环有问题。

★ 指甲扁平可能指示有雷诺氏症。

★ 黄指甲早在其他症状出现前即可能意味着某些体内疾病，如淋巴系统问题、呼吸系统问题、糖尿病、肝病。

★ 白指甲意味着可能有肝、肾病或贫血。

★ 黑指甲或薄、扁平、汤匙状指甲，均是缺乏维生素 B_{12} 或贫血的征兆。

★ 指甲肉变深蓝色显示肺部受阻碍，例如气喘或气肿。

★ 指甲出现珠状是风湿性关节炎的征兆。

★ 红棕色的症痕及指尖磨破、分岔，意味着有牛皮癣，需补充维生素 C、叶酸、蛋白质。

★ 指甲容易断碎、裂痕、剥落，表示营养不良及缺乏盐酸及蛋白质，也需补充矿物质。

★ 指甲易裂、变软、光亮，可能显示甲状腺功能亢进。

★ 指甲出现横向白色条纹可能表示有肝病。

★ 指甲变薄可能是皮肤痒（扁平苔藓）的征兆。

★ 指甲与肉分开可能暗示着甲状腺疾病。

★ 指甲半白，且在指尖有黑点，可能暗示着肾脏病。

★ 指甲基部隆起，且白色部分很小，可能意味着有呼吸系统的疾病，例如气肿或慢性支气管炎。这种指甲症状也有可能是遗传的。

★ 指甲底部的皮肤变红，可能表示有结缔组织的毛病。

★ 指甲表面有突脊可能表示有感染病，如流行性感冒等。

★ 指尖向下弯曲可能表示心、肝或呼吸系统有问题。

★ 指甲上有白线可能表示有心脏疾病、高烧或砷中毒。

★ 指甲上有来来回回的突脊，表示有形成关节炎的倾向。

★ 指甲状似被敲扁的铜管乐器，表示有部分或全部毛发脱落的倾向。

★ 通常宽宽方方的指甲可能暗示着荷尔蒙有问题。

★ 白指甲，在近指尖处呈粉红色，是肝硬化的迹象。

宝宝指甲健康晴雨表

判断宝宝的指甲是否健康要看其表面形态、颜色、质地、厚度及甲床关系等多方面。

颜色异常

白甲　宝宝甲板上出现白色斑点，一般称之为“幸运斑”，医学上称为“点状白甲”；若出现横行的白线或小白斑，甚至整个指甲都变成白色了，则分别叫做“线状白甲”，“部分白甲”和“全白甲”，“点状白甲”、“线状白甲”多见于正常儿童，或者为一时性损伤。

黄甲　整个指甲变黄，主要是因为吃了含有胡萝卜素的食物；真菌感染也会出现黄甲，但多伴有指甲的形态改变。还有一种黄甲综合征，是遗传性疾病，常伴脸和四肢水肿。

其他如绿甲、黑甲都比较少见。

宝宝的甲半月如果颜色异常，呈红色时多属心脏病，贫血时呈淡红色。

形态异常

宝宝的指甲出现横沟，可能是得了急性热病，如麻疹、肺热、猩红热等，代谢异常或其他皮肤病。

若是甲板中央出现几行竖着的浅沟，多见于甲母质受损及皮肤病（扁平苔藓）。

甲板变薄脆，有竖着的突出的棱，指甲尖容易撕裂、分层，是甲营养不良的表现，也见于扁平苔藓等皮肤病。

甲板表面出现小的凹窝，可以发生在正常儿童身上，也可以发生在银屑病（也就是"牛皮藓"）、湿疹等皮肤病患儿身上。

指甲在纵向发生破裂，可能是甲状腺功能低下或脑垂体前叶功能异常等。

哪些疾病会遗传

每个父母都希望自己的孩子聪明、健康，但一些遗传疾病却常让家长们十分担忧。据美国"父母"网站报道，美国亚特兰大医学博士詹尼弗·舒指出，六大常见健康问题与遗传密切相关，及时预防可以让孩子远离这些疾病。

视力问题

近视、色盲和弱视常具有遗传性。美国巴尔的摩儿童眼科专家斯图尔特·丹克奈医学博士说，父母都近视，孩子近视几率是25%～

50%。色盲基因仅由母亲携带，且仅男孩会患病，几率是50%。如果孩子常有头疼，看书、看电视或放学回来眯眼睛、流泪，就应带孩子去医院检查。

湿　疹

湿疹跟过敏一样，属于过敏反应的一种，遗传几率是50%。在所有过敏性疾病中，婴儿期发病的只有湿疹。如果发现孩子的脸颊、肘关节和膝关节内侧皮肤干痒，起红斑，就要及时就医了。

偏头痛

如果父母一方有偏头痛，孩子患病几率是50%，如果父母都患病，遗传几率更高。偏头痛症状包括头前侧或者两侧刺痛、恶心、呕吐以及怕光、怕声音。偏头痛常会在儿童8岁左右发作。

肠易激综合征

澳大利亚悉尼大学的一项研究认为，患肠易激综合征的人，其直系亲属也有此类症状。其典型症状是痉挛性腹痛或者便秘和腹泻交替出现。如果医生诊断是此类疾病，就要督促孩子改变生活方式，多吃一些含益生菌的食物。

情绪低沉

某些心理问题和情绪状况也与家族遗传有关。如果家族中有抑郁症、躁狂症和强迫症等病史，就要注意孩子是否有烦躁、焦虑、注意力不集中以及厌食等情况，以便及早求助医生。

手上就有“健胃药”

现在生活质量高了，聚餐的事常有，不少人在就餐前会早早把健胃消食药准备好。其实我们只要按摩手上的穴位，就能帮助健胃消食。

劳宫穴 在手掌心的位置，简单的找法是把手握成拳头，中指指尖点到的位置即是劳宫穴。这个穴位在五行属火，能促进血液循环，还能改善精神紧张、促进食欲。

大陵穴 它在手掌根，腕横纹的中点上。这个穴位在五行属土，对应着脾胃，是心包经上一味很经典的“健胃消食片”，可以降胃火、去心火，提升胃动力。脾胃不和、消化不良等都可以通过这个穴位来调。

内关穴 在大陵穴向上量三个横指的位置，在手腕两根筋的中间。刺激这三个穴位有一套小动作，叫“摩拳、擦掌、扣手腕”。摩拳，就是用一个手握成拳头，用拳面顶住另一只手的内关穴，左右旋转摩擦的方式，来刺激这个穴位。然后双手掌相互摩擦至发热，这个动作是为了激发到手心的劳宫穴。最后十指交叉，手腕相扣，从而刺激到大陵穴。这三个穴位一发热，心包经的功能提升，心火升久可以旺到胃土，好胃口就来了，消化功能也增强了。

日常生活中，有些人胃不舒服就服健胃消食片，不消化就吃山楂片，它们的使用是有区别的：

健胃消食片 属药物系列，成分主要是山楂、陈皮、山药、麦芽、太子参等。多用于脾胃虚弱，消化不良。主要是理气，帮助消化主食和蔬菜等一般食物。感觉吃多了胃很撑的时候，吃点健胃消食片效果会很显著。但要注意的是，健胃消食片属于药品，不宜长期服用。胃阴虚者不宜服用健胃消食片，否则会导致人体口干、大便干燥、小便短少。

山楂片 属食物系列，功效为消食健胃、化积和消脂。山楂含多种有机酸和解脂酶，能促进脂肪类食物消化。吃肉或油腻物后感到饱胀的人，吃些山楂、山楂片或山楂丸等比吃健胃消食片效果更好。不过山楂虽属食物系列，但也不宜长期、过多地食入，否则也会出现副作用。因为山楂制品中含有较多的糖，过多食用山楂制品的同时，摄入的糖分也随之增多，会影响食欲。血糖偏高的人不宜吃含糖较多的山楂制品。山楂有降血压、降血脂的作用，血压、血脂较低的人不宜多吃。山楂有收缩子宫平滑肌的作用，有可能诱发流产，所以孕妇不宜多吃山楂。

身体一碰就有淤斑是怎么回事

有些人的身体只要稍微一碰,局部皮肤就会出现一块淤斑;更有甚者,隔几天就会莫名其妙地出现紫色的淤青,摸上去不疼也不痒,却也没撞到哪儿。这种现象多是皮下出血的表现,女性较为多见。

究其原因,多数人与先天体质和家族遗传有关,并无大碍,单纯是因为皮下毛细血管比较脆弱,即使受到不易察觉的磕碰,都会受到损伤而致血液溢出,因此在皮肤上留下蓝紫色的淤斑。

中医则认为,导致这种体质的原因有二:第一类是脾气虚弱,脾不统血。中医体系中的脾具有多种作用,其中之一便是约束血液,使其不致溢出脉外,即"统血"的作用。当脾虚导致统血功能降低时,就会出现莫名其妙的淤斑。这类人可能还会有食欲不佳、腹胀、便溏、易倦怠、少气懒言、面色萎黄等症状。不妨试试食疗方法,将红枣、花生、桂圆肉干,三味煎水,平时代茶饮,对部分女性有一定效果。

第二类原因为血淤体质。此类型以瘦人居多。常伴有面色晦暗、口唇暗淡或发紫、眼眶发黑、易烦躁等症状。因为有淤血内阻,导致脉络不通,因此血液溢出脉外。这类人应多吃莲藕、荷叶、柿子、空心菜等具有活血、止血作用的食物,以及富含维生素C的水果蔬菜,如青椒、辣椒、橙子、红枣、山楂、猕猴桃等。

无论哪种类型的人都应在生活中注意减少磕碰。另外,除了身体出现淤斑外,如果还伴有牙龈出血、鼻血、便血、月经量过多或消化道出血的现象,应及时去医院化验,做相关的血液检查,如血常规、凝血机制方面的检查,以排除其他疾病。

青筋凸现反映健康状况

“青筋”其实不是筋，而是血管。正常情况下，它应该是看不清楚的，可一旦静脉血液回流受阻，压力增高，它就会在皮肤表面凸起，甚至出现扭曲变色等现象。

中医认为，无论人体哪个部位的青筋出现异常，都是身体报警的信号，它反映出人体可能患上了痰、湿、淤、毒等积滞不能排泄出体外的病症。

手部青筋

手背有青筋提示腰背部有积滞，易出现腰酸背痛，腰部肌肉紧张；儿童手指有青筋，可能是肠胃积滞、消化不良；成人手指有青筋，可能是头部血管微循环出现障碍，易头晕、头痛，严重时甚至中风。

手腕部横纹线有青筋，往往提示妇科疾病等；手腕横纹向下约三指处出现青筋，多提示心脏方面有些问题；中指指掌关节横纹有青筋凸起、紫黑，提示可能脑动脉硬化。

头面部青筋

太阳穴青筋凸起时，提示头晕、头痛；太阳穴青筋凸起且扭曲，则可能有脑动脉硬化；紫黑时，提醒预防中风。额头有青筋，表示可能是甲状腺功能亢进。

胸腹部青筋

胸部出现青筋，应注意乳腺增生，经期前后乳房胀痛、情志抑郁等症。腹部青筋，说明这已经是比较严重的积滞了，往往是较难治的疾病，如肝硬化腹水、肿瘤后期等。

下肢青筋

膝部青筋提示膝关节肿大、风湿性关节炎。小腿有青筋，即为下肢静脉曲张。

不过，观筋知病也要根据个人情况而定，有的男士本身血管就比较粗大；有的人长期从事重体力劳动，静脉血管也要比一般人明显；有的人喝酒、运动后血管会不同程度地凸起。因此，没必要看到青筋鼓起就紧张。若发现与往常不同也应及时就医。

日光性皮炎不都是晒出来的

炎炎夏日，阳光明显强烈，应该加强日光性皮肤病的防治，做好各方面的防护。但很多人并不知道，日光性皮炎有时不光是晒出来的，还可能与你吃的蔬菜、水果或正在使用的一些药物有关。比如植物—日光性皮炎就可能是你吃的芹菜、木耳惹的“祸”。

食物、药物也可致日光性皮炎

在所有日光性皮炎的致病因中，日晒并不都是主要原因，其中，植物—日光性皮炎是因为食用了苋菜、马齿苋、芹菜、茄子、土豆、菜花、木耳等蔬菜，在人体内可分解出一种感光性物质，而有些人对这种感光性物质很敏感。当进食或接触这些种类中的某些蔬菜时，里面的感光性物质就会在体内积蓄，达到一定浓度时，人体裸露部位（面、手、足）的皮肤经过太阳光的直射，即可导致代谢障碍而诱发皮炎。

药物—日光性皮炎也叫药物日光毒。奎诺酮、磺胺类药、双氢克尿噻、阿司匹林、灰黄霉素、酮康唑、四环素类及某些中草药含有一些荧光物质。过敏体质的人服用后，在体内达到一定的浓度，遇到日光照射便会出现过敏反应，引发皮炎。

日光性皮炎可用冰牛奶湿敷

治疗日光性皮炎最好去医院。主要采取局部外用药物疗法，以消炎、安抚、止痛为原则。一般外搽炉甘石洗剂或振荡洗剂即可。严重者，局部用冰牛奶每隔两三小时湿敷20分钟，直到急性症状消退。或用硼酸溶液湿敷，以后可外用皮质激素霜，有明显减轻局部红肿热痛的作用。剧痒者加服抗组织胺药等，有全身症状者口服抗组胺剂和少量镇静剂，并给予补液及其他对症处理。尤为重要的是，要防止再次暴晒。

敏感体质者慎做瓜果面膜

一些女性喜欢做水果面膜，而过敏体质的人应该注意：瓜果敷面可能会引起皮肤过敏。如鲜芦荟的芦荟甙和鲜芒果中的芒果甙善于吸收光线中的中长波紫外线，这些物质吸收光线后，转换成另一种致敏性很强的过敏反应，引起局部红肿起泡。具有敏感体质的人，很容易发生过敏。

可导致日光性皮炎的瓜果有黄瓜、西红柿、红葡萄、无花果，等等。所以，敏感体质的人不能随意将新鲜瓜果汁液涂敷脸上，易患荨麻疹、皮肤湿疹或支气管哮喘等过敏性疾病的人，用新鲜水果敷面美容更应谨慎。

换季皮肤瘙痒的治疗方法

秋老虎下山后，天气愈发干燥。皮肤瘙痒这个困扰很多中老年人的老毛病又会不期而至。其实，空气干燥、过敏以及皮肤老化、皮脂腺分泌不旺盛都会引起皮肤瘙痒频发。专家提示，患者除了少吃海鲜、辛辣食物，做好皮肤的保湿工作以外，也可以就地取材，用些简单易行的小方法对付这些顽固小疾。

花椒水

用500毫升沸水冲泡100克花椒，浸泡24小时后，滤去花椒，用花椒水涂于患处，可以止痒，消除水肿。若在此水中加入适量的维生素C，效果更佳。

特别提示 除缓解皮肤瘙痒外，花椒水还能用来治疗荨麻疹和褥疮。一般每天使用一次，一周后便可见效。需要注意的是，过敏性体质的人不能使用花椒水。使用时要注意避免花椒水触及眼睛。

淀粉水

在浴缸里加入适当淀粉，把洗澡水调成米汤色即可。皮肤很干燥的人可以多加一点，让洗澡水呈牛奶色，每天只需浸泡一次，止痒、滋润效果格外突出。

特别提示 该方法较为安全，且大多数人都适用，尤其针对经常皮肤瘙痒或是有慢性皮肤病的人，效果显著。

冬瓜皮水

将晒干的冬瓜皮煎水后沐浴，然后再将冬瓜皮贴于皮肤瘙痒处，可以止痒。冬瓜皮味甘，性微寒，有清胃热、利水消肿等功效，是一味很好的透水渗湿中药。

特别提示 冬瓜皮还能防治液体外渗，一些皮肤瘙痒后感觉皮肤肿胀、水肿的患者，或者因长时间静脉滴注导致皮肤肿胀并外渗液体的患者，用冬瓜皮水擦拭和贴瓜皮于滴注处，每天两次，可以消肿，防止液体外渗。

春季护肤妙招

春季护肤，洁面是基础

春日里，皮脂分泌会变得较活泼，同时空气中的灰沙、粉尘和细菌也很容易阻塞毛孔，面疱之类的小痘痘常常会悄然露面。为了保持面部皮肤的光滑，清洁肌肤是最重要也是最基础的一步。

洁面品不仅要彻底清洁肌肤，同时还应不刺激皮肤。好的洁面品更含有独特的乳化分子和活化细胞的成分，能够软化角质层，去除死皮，促进新陈代谢，用后肌肤柔滑、不紧绷。

春季护肤注意去角质

护肤首先要去角质，要以较和缓的方式去除皮肤最外层的多余角质层，以促进表皮的新陈代谢，加速细胞更新，改善皮肤出现的干燥、皱纹、痤疮等现象，使皮肤产生如换新颜的感觉。

春季护肤的关键

单靠普通的清洁护理根本无法获得良好的肌肤状态，调节肌肤平衡、补充肌肤所缺营养才是春季护肤的关键。

春季护肤四步骤

化妆水　根据肌肤的状态选择洁面方案：油性肌肤T区油脂分泌旺盛，着重要求洁面产品要泡沫丰富且冲洗时能彻底洗净；当发现皮肤红肿、有暗疮时，就应使用温和且刺激性小的洁面乳液擦洗；被阳光灼伤后，洁面要注重肌肤保护机能的平衡、恢复。

擦拭　用洁肤棉蘸适量化妆水后，轻轻擦拭脸部每个细处，拭去分泌物，让肌肤恢复原有的光彩。选用保湿效果好的化妆水十分关键，既能滋润角质，同时又可以恢复保护层机能的正常运转。

保湿　维生素C的大量补给，也能起到保湿作用。维生素C能有效防止皮肤因恶劣的环境而老化，抗酸化作用高，还拥有与油性肤质亲近的成分，并且具有美白的功效，是必备护肤品。

特别毛孔护理

当毛孔变得明显、粗大时，就一定要进行肌肤大扫除。洁面后，立即使用醒肤露按摩。打圈按摩的同时，死角质便从毛孔中彻底清理出来了。此时，用洁肤棉蘸取适量的药物化妆水擦拭脸部，再轻轻按挤鼻头的毛孔皮脂，这样会得到很好的收敛毛孔、紧肤的效果。毛孔护理后再使用维生素C溶液浸透，很容易就能拥有紧致护肤的效果。

"加料"洗脸水，美容又护肤

食盐水

在水中加入1小勺食盐，用这种食盐水洗脸有去除角质、收敛肌肤、改善肌肤潮红的作用，还能清除皮肤的油脂。尤适宜油性皮肤者。

蜂蜜水

蜂蜜是养生佳品，含有大量能被人体吸收的氨基酸、酶、激素、维生素及糖类成分，可促进皮肤创面的愈合，抗衰老，防止皮肤干燥。每次可取2～3滴蜂蜜加到洗脸水中，尤适宜中、干性皮肤者。

淘米水

淘米水很适合面部弱酸环境的清洁，它性质温和，不刺激皮肤，无副作用，尤适宜长青春痘、毛孔粗大的皮肤偏油的人。用淘米水洗脸，建议隔一两天用一次，最好用第二次淘米水。

米醋水

醋能改变皮肤的酸碱度，软化皮肤的角质层，抑制细菌滋生，使毛孔通畅，减少感染性皮肤病的发生。各种醋中米醋的美容效果最好，长期使用可增加皮肤细胞的水分和营养，恢复皮肤的光泽和弹性，还能防止痘痘的生成。每次可取1～2毫升米醋加到洗脸水中。

绿茶水

绿茶中的茶多酚具有抗氧化作用，可防止肌肤衰老。此外，绿茶还能抗辐射，尤适宜长期使用电脑的女性，可抑制皮肤色素沉淀，减少过敏反应的发生。每次可在洗脸水中加入适量的绿茶水。

滋润肌肤，凡士林全身都能用

换季时气候变化频繁，与外界接触最密切的肌肤难以适应，敏感肌肤更容易引发干燥、紧绷、发痒等情形。此时，只要做了日常的完整保养，肌肤就有足够防御力来抵御外界一般的刺激。

不少女性朋友总是在季节交替时急于更换护肤品以应对肌肤的不适，但还是会出现瘙痒、手足皲裂、嘴唇开裂、脱皮等冬季的皮肤症状。这里介绍一招经济实惠的方法——滋润全身肌肤凡士林。

润　唇

凡士林涂在嘴唇上，润唇效果非常好。如果嫌医用凡士林略带有汽油味，可将其加热，添加几滴薄荷精油和维生素E，既可增加滋润度，又能去掉讨厌的汽油味。（对于儿童经常舔嘴唇引起的唇部皲裂，家长可以用猪油加蜂蜜调匀后涂抹在儿童的嘴唇上，也能收到很好效果。）

美颈

颈部肌肤皮脂腺少，在干燥的季节，更容易缺水。每天早晚梳洗之后，可将凡士林均匀涂抹于颈部。

护 手

秋风一起，手就开始发干了。晚上，将凡士林均匀地涂在手上，并戴上手套。第二天早上，你会发现双手滋润无比，坚持使用一整个冬季，手部都不会出现干燥、开裂现象。脚部的保养可采用同护手一样的方法。

润 肤

洗完澡，会感觉全身皮肤紧绷绷的；平时在手臂上一划，立刻出现一条白痕，这是缺水的反应。洗完澡，在身上涂一层凡士林，能在肌肤表面形成一道保护膜，可解决肌肤干燥的问题。

皮肤瘙痒者洗澡时尽量少用沐浴产品，可用无碱的中性香皂。也可在洗澡水中放入适量淀粉，水呈乳白色，用这种水洗澡可以减轻皮肤瘙痒的症状。

消除眼袋有良方

眼袋的形成与脾的功能有直接关系，脾胃主化水谷，脾胃功能直接影响到肌肉功能和体内脂肪的代谢。脾胃功能减弱，水湿运化不畅，皮肤和肌肉缺乏营养、松弛无弹性，久之则出现眼睑下垂，形成眼袋。因此，提高脾胃功能可以辅助消除眼袋。

此外，中医学提示，肾主水，其色为黑，肾虚会导致水代谢障碍，肾气不足，日久导致气血运行不畅，目失所养，则表现在下眼睑。

如果要去除眼袋和黑眼圈，除了要调节作息时间、恢复正常睡眠外，还应该注意饮食营养，补充优质蛋白和富含维生素的食物，如鸡肉、